MÉMOIRE LITHO-GÉOLOGIQUE

SUR LA VALLÉE DE CHAMPSAUR

ET LA MONTAGNE DE DROUVEIRE

DANS LE HAUT DAUPHINÉ;

Par M. le Chevalier DE LAMANON, Correspondant de l'Académie des Sciences de Paris, & Associé Étranger de celle de Turin.

À PARIS,

RUE ET HÔTEL SERPENTE.

M. DCC. LXXXIV

Sous le Privilége du Journal de Physique.

EXTRAIT D'UNE LETTRE

DE M. LE CHEVALIER DE LAMANON,

A L'Editeur.

De Turin, le 15 Février 1784.

. . . . . . QU'IL y ait ou non un Volcan éteint dans les Alpes du Dauphiné, je pense que le Mémoire que je vous envoie peut intéresser les Naturalistes... Vous verrez, j'espère, avec quelque plaisir, la marche que j'ai suivie pour découvrir la matrice, jusqu'alors inconnue, de la prétendue variolite du drac & des autres pierres roulées dont je donne l'énumération. Vous trouverez aussi, répandus dans ce petit Ouvrage, des faits nouveaux, & quelques vues assez importantes pour l'Histoire Naturelle de la terre. On augmenteroit encore la somme de ces faits, en prouvant que les pierres que je crois être des laves font des pierres de corne. Il résulteroit alors de

A 2

mes obſervations, que la pierre de corne en maſſe eſt auſſi ancienne que les quartz & le granit, qu'elle prend quelquefois des formes priſmatiques comme les baſaltes, qu'elle paſſe comme eux à l'état d'argile, &c. &c.

J'ai invité quelques Naturaliſtes de Grenoble, qui ne croient pas à l'origine volcanique de la montagne de Drouveire, de vous envoyer leurs objections ; je vous prie, ſi vous les recevez, de les faire imprimer à la ſuite de mon Mémoire.

MÉMOIRE
LITHO-GÉOLOGIQUE

Sur la Vallée de CHAMPSAUR *& la Montagne de* DROUVEIRE *dans la Haut-Dauphiné.*

VOYAGEANT au mois de Septembre de cette année (1783) dans les Alpes de la Provence & du Dauphiné, pour completter mes recherches fur la nature & l'origine des montagnes, des vallées & des plaines, je fis quelques obfervations aux environs de Gap, qui m'engagèrent à me détourner de la route que je m'étois prefcrite, afin d'aller reconnoître la nature des pierres entraînées par la rivière du *Drac*. Je pris pour cela le chemin de Grenoble, qui paffe par le Col de Saint-Guigues. Je trouvai ce Col élevé d'environ fept cents toifes fur le niveau de la mer.

Arrivé à l'endroit le plus élevé du Col, je

A 3

découvris une petite lave poreuse sous la forme d'un caillou roulé. Elle étoit au milieu d'un grand nombre de pierres aussi roulées, mais d'un genre très-différent. Cette lave me donna d'abord l'idée d'un volcan éteint dans ces contrées; j'avois cependant quelques doutes, sachant que de très-bons Naturalistes assuroient qu'il n'y avoit point de volcans éteints dans les Alpes.

« Jusqu'à ce jour, dit M. de Saussure, on
» n'a trouvé aucun vestige de volcan, ni dans
» nos environs, ni dans toute la Suisse; & après
» avoir visité moi-même, & avec l'attention
» la plus scrupuleuse, toute cette partie de la
» chaîne des Alpes qui s'étend depuis Gre-
» noble jusqu'à Inspruck, je n'ai pas apperçu,
» à l'exception de quelques eaux thermales,
» le plus léger indice de feux souterreins (1) ».

M. de Luc dit aussi en propres termes, « qu'il
» n'y a pas la moindre trace de feu dans toutes
» les Alpes » (2).

M. Guettard & M. Faujas de Saint-Fond, qui ont parcouru le Dauphiné pour en écrire l'histoire Minéralogique, disent encore que

---

(1) *Voyage aux Alpes*, par M. *de Saussure*, tom. 1, p. 144.

(2) *Lettres Physiques*, par M. *de Luc*, tom. 2, p. 510.

cette Province ne contient aucun volcan éteint (1).

Toutes ces autorités étoient plus que suffisantes pour me faire suspendre mon jugement, jusqu'à ce que j'eusse trouvé des produits volcaniques plus abondants ; car il n'étoit pas physiquement impossible qu'une lave près d'un chemin public, y eût été transportée par les hommes (2).

---

(1) *Mémoires sur la Minéralogie du Dauphiné*, par M. *Guettard*, 2 vol. in-4°. *Hist. Naturelle du Dauphiné*, par M. *Faujas de Saint-Fond*, 4 vol. in-8°. dont il ne paroît encore que le premier ; & *Lettre de M. Faujas à M. de Lamanon*, écrite en 1781.

On n'a point encore trouvé de volcans éteints dans les Alpes du Piémont & de la Savoie.

(2) On lit dans l'Histoire Géographique du Diocèse d'Embrun (dont le premier Volume vient de paroître), & à la page 530, ce qui suit :

« M. Charmeil, Chirurgien-Major de l'Hôpital-Militaire de Mont-Dauphin, m'a dit depuis peu qu'il avoit
» découvert des laves sur la montagne de Ceillac ; ce qui
» feroit une preuve qu'il y a eu des volcans dans ce pays,
» c'est-à-dire, que les montagnes y vomiffent du feu
» comme le mont Gibel en Sicile, le Véfuve, & autres
» qui en vomiffent encore aujourd'hui ».

J'ai été à Mont-Dauphin où j'ai vu M. Charmeil ; il m'a dit que l'Auteur de l'Histoire d'Embrun avoit pris pour une certitude, un très-léger doute de sa part ; & il m'a

Je quittai le grand chemin de Grenoble, &
je defcendis le Col de Saint-Guigues du côté
du petit Village de Saint-Laurent du Cros. Ce
Village eft fitué dans une plaine inégale, couverte de cailloux roulés, & traverfée par la
rivière du *Drac*. Les Habitans, en travaillant
leurs champs, enlèvent ces cailloux, & en
forment des monceaux énormes : riche cabinet
pour un Naturalifte ! J'examinai le premier
monceau qui fe préfenta, dans lequel je vis
avec bien du plaifir une groffe lave dure, noire
& poreufe. Je continuai mes recherches, & je
trouvai que les murs des maifons, ceux des
champs, & les champs eux-mêmes, contenoient
une grande quantité de laves, prefque toutes
roulées, & variant pour la groffeur depuis
quelques lignes jufqu'à trois pieds de diamètre. Je fus vers les bords du Drac ; j'y trouvai
auffi des laves, mais en moindre quantité que

---

montré en même temps la pierre qu'il *foupçonnoit* avoir
été volcanifée : ce n'eft qu'un tuf calcaire perfillé, & contenant une matière ochreufe. J'ai de plus vifité les montagnes de Ceillac, & me fuis affuré qu'elles ne contiennent pas la moindre trace de volcans éteints ; M. Charmeil en eft convenu avec moi. Cet habile Chirurgien ne
s'eft point occupé jufqu'à préfent de la partie de l'Hiftoire Naturelle, qui concerne les pierres & les minéraux.

dans la plaine qui lui eſt ſupérieure, & dans les vallons qui s'y ſont formés. Je ſuivis le Drac pendant quelque temps, & n'y apper-çus que des laves détachées, ce qui me dé-termina à paſſer la nuit au petit Village de Saint-Laurent, dans le deſſein de parcourir le baſſin du Drac, juſqu'à ce que j'euſſe trouvé le volcan éteint, matrice de toutes ces laves, qui ſont très-variées.

Lithologie du Drac dans le Champſaur, ou état des laves & autres pierres qui s'y trouvent.

I. Lave dure, noire, compacte & un peu poreuſe.

II. Lave violette, compacte, dure, ſans pores, contenant quelques veines de ſpath.

III. Lave noire avec des globules de ſpath; c'eſt une eſpèce de piperine.

IV. Lave où le ſpath domine.

V. Lave noire, poreuſe dans l'intérieur comme à la ſurface, tenant à une lave com-pacte qui contient du ſpath & quelques py-rites cuivreuſes, criſtalliſées en forme cubique.

VI. Lave poreuſe, noire, tenant à une lave compacte, avec des globules ſpathiques, & avec du ſpath calcaire, d'un rouge ſemblable à celui du feld-ſpath commun.

VII. Lave avec du mica.

VIII. Lave noire très-compacte, ou bafalte.

IX. Spath calcaire, fcintillant avec le briquet, adhérent à une lave.

X. Lave contenant de l'ôchre.

XI. Lave noire, poreufe, très-légère, très-dure.

XII. Lave noire, contenant du fchorl.

Comme prefque toutes ces laves contenoient du fpath calcaire, & quelques-unes du mica, je préfumai que je trouverois le volcan éteint que je cherchois, dans le voifinage d'une contrée calcaire & vitrifiable : car on ne peut fuppofer, comme on l'a fait, que le fpath calcaire qui eft renfermé dans certaines laves, y a été dépofé par les eaux de la mer ; les eaux entières de l'océan ne dépofent pas un atôme de fpath.

Les produits volcaniques font mêlés, dans la plaine du Drac, avec d'autres cailloux roulés, dont voici la fuite.

I. Molaffe ou grès de couleur plus ou moins grife, friable, contenant des taches blanches, & imitant la glaife mouchetée de Montmartre près Paris.

II. Spath calcaire fcintillant. Cette variété curieufe, qui offre un mélange de fpath & de quartz criftallifés enfemble, n'a encore

(11)

été que peu remarquée par les Naturaliftes.
Elle elle affez rare dans le Drac , mais très-
commune dans la Durance, aux environs de
Briançon & dans la Daire, près de Sezanne en
Piémont. J'en ai trouvé de roulés dans plufieurs torrens ; & les ayant remontés, j'ai reconnu que les matrices de ce fpath étoient
toujours dans un fchifte argilo-calcaire.

III. Schorl argileux verdâtre. C'eft le bafalte de roche de M. Sage , le *lapis corneus* de
Vallerius , le cos dur ou pierre d'enclume de
M. Monnet , la pierre de corne de M. de Sauffure. Je préfère la dénomination de fchorl
argileux , donnée par M. Romé de l'Ifle dans
la nouvelle édition de fa Criftallographie, comme
plus philofophique. Cette pierre, très-commune
dans la Durance & dans les plaines qu'elle a
formées , eft affez rare dans la plaine du Drac.
J'en ai trouvé des montagnes entières dans
les Alpes du Piémont , du Dauphiné , de la
Provence, &c.

IV. Schorl argileux , verdâtre , avec quelques taches noires.

V. Schorl argileux grifâtre.

VI. Pierre calcaire grife.

VII. Pierre calcaire jaune , veinée de
fpath. Il y a quelques autres variétés de pierre
calcaire.

VIII. Quartz de différentes fortes. Lorf-qu'une pierre eft mélangée, & compofée de deux fubftances, je trouve qu'il vaut mieux lui donner le nom de la fubftance dominante, en y joignant une épithète qui faffe connoître la matière contenue, que de lui donner un feul nom qui ne convient à aucune des fubf-tances compofantes; c'eft le feul moyen de diminuer la nomenclature. D'après cette idée, je dis qu'il y a dans la plaine du Drac des quartz micacés, des quartz fchorlés, des quartz ferrugineux & des fchorls quartzeux.

IX. Schiftes argileux.

X. Schiftes micacés.

XI. Fragmens d'ardoife.

Je n'y ai point découvert de ferpentine ni de granit, en entendant par *granit* une pierre compofée au moins de trois fubftances, comme quartz, feld-fpath, mica, fchorl, jafpe, &c.

Voyage pour découvrir le Volcan éteint qui a fourni des laves au Drac.

Dans le préjugé où l'on eft, que les cou-rans de la mer ont formé les vallées & les plai-nes, on ne fonge pas à remonter aux matrices des cailloux roulés. C'eft ainfi que M. de Sauf-fure, au lieu de remonter toutes les rivières du Valais, à la source defquelles il trouveroit celle du plus grand nombre des cailloux roulés épars dans les environs de Genève, a recours à des courans de l'océan, & ne craint pas de fuppofer que des pierres des montagnes du Vivarais ont pu être tranfportées dans la Suiffe. Les courfes que j'ai faites pendant plufieurs années pour reconnoître les matrices des cailloux roulés de la plaine de Crau en Provence, m'ont perfuadé que tous ces amas de cailloux roulés font dus aux rivières ; j'efpère en donner la démonftration dans mon Ouvrage. Convaincu de cette vérité, je commençai mes recherches pour découvrir le volcan éteint, matrice de toutes les laves répandues dans le lit du Drac.

Ayant parcouru une partie du territoire de Saint-Laurent du Crau, qui eft tout couvert de cailloux, j'obfervai qu'il y avoit moins de laves dans le lit du Drac, que dans le lit de la petite rivière de Mance qui paffe à Saint-Laurent, & s'y jette dans le Drac ; d'où je conclus que les laves étient amenées par cette rivière, ou que le Drac entraînoit aujourd'hui moins de laves qu'autrefois, ce qui pouvoit venir de plufieurs caufes.

Le 20 Septembre je partis de grand matin avec un Guide ; & au lieu de remonter la rivière de Mance, je préférai d'aller voir si je trouverois des laves à cinquante pas avant son confluent, dans la certitude où j'étois que si je n'y en trouvois point, les laves étoient amenées par la rivière de Mance, & que si j'y en trouvois elles n'étoient pas dues à cette rivière, mais au Drac. Ce qui m'engagea d'ailleurs à suivre le Drac plutôt que le torrent de Mance, fut que je ne voyois point de grandes montagnes du côté du torrent, & que les laves me paroissoient trop rares & trop mêlées avec les anciens dépôts du Drac, pour être dues à un torrent voisin.

Après avoir passé ce torrent, je fus surpris de ne presque plus trouver de laves dans la plaine. J'arrivai à la rivière d'Ancelle, & je ne vis point de laves parmi les pierres qu'elle entraîne.

Il me vint d'abord en idée de retourner au torrent de Mance, & de le suivre jusqu'à sa source pour trouver le volcan : mais les réflexions que j'avois faites sur la disposition des laves dans le terroir de Saint-Laurent, me retinrent. La rivière d'Ancelle étoit assez grosse (1), & j'appris de mon Guide qu'elle l'étoit tou-

____

(1) Il avoit plu tous les jours précédens, & il plut presque tous les suivants. Les pluies douces lavent les

jours plus que celle de Mance ; ce qui me fit conclure que nombre des cailloux qu'elle roûle pouvoient bien lui être propres, & que depuis long-temps elle avoit fini d'entraîner dans le Drac les cailloux autrefois dépofés dans la plaine, tandis que le torrent de Mance, moins fort, n'entraînoit aujourd'hui que ces mêmes cailloux qu'il trouvoit fur fon paffage.

D'après ces réflexions, je continuai ma route dans la plaine, mais pas bien loin du Drac ; & à force de recherches j'y trouvai deux ou trois laves. Elles me fuffirent pour me faire croire encore plus fortement que les laves étoient dues au Drac : mais la rareté des laves dans cet endroit, leur grande abondance à Saint - Laurent du Cros, me donnoient quelques doutes ; je fis une lieue fans trouver de laves, ce qui augmenta mon incertitude.

Examinant alors la configuration du terrein, je vis que dans toute cette lieue il n'y avoit point de torrent un peu confidérable qui fe jetât dans le Drac, d'où je conclus que les laves dépofées dans la plaine antique n'étoient

---

pierres, & les cailloux en font reffortir les couleurs, & invitent par-là les Naturaliftes à fe mettre en route dès que la pluie ceffe, ou lorfqu'elle eft fupportable.

point amenées dans la plaine qui eſt aux bords du Drac par le défaut de torrens, tandis que celui de Mance les entraînoit en deſſous de Saint-Laurent du Crau. Réfléchiſſant enſuite ſur ce que le Drac ne charrioit pas beaucoup de laves en comparaiſon de ce qu'il y en avoit dans la plaine antique, je conclus qu'on ne pouvoit pas aſſurer que les laves du territoire de Saint-Laurent n'étoient pas dues au Drac, parce que je n'en trouvois point dans une plaine nouvellement dépoſée; car les rivières n'entraînent pas dans tous les temps les mêmes eſpèces de pierres. J'étois confirmé dans mon opinion, par les deux ou trois laves que j'avois trouvées long-temps avant le confluent du torrent de Mance, comme je l'ai déjà remarqué.

J'étois cependant dans l'incertitude, & je craignois de mal raiſonner. Pour ne pas revenir mal-à-propos ſur mes pas, j'imaginai de traverſer la rivière du Drac, pour voir ſi je trouverois des laves de l'autre côté où j'appercevois pluſieurs torrens qui traverſoient la plaine antique. Si je n'y trouve point de laves, me diſois je, je retournerai à la rivière de Mance; je la remonterai juſqu'à ſa ſource, près la petite montagne du Puy, où ſera ſans doute le volcan : mais ſi au confluent des torrens ou dans le lit du Drac, je trouve des laves, comme

j'en

j'en ai quelque efpérance, il faudra chercher mon volcan dans le baffin du Drac.

Arrivé à la droite du Drac, je trouvai avec plaifir plufieurs laves à l'embouchure des ravins. J'en fus cependant un peu fâché ; car je penfai qu'il me faudroit peut-être aller chercher bien loin la matrice des laves. J'aurois eu bien moins de chemin à faire, fi je n'avois eu qu'à retourner à Saint-Laurent, & à remonter la rivière de Mance.

Je trouvai au village de Chaboutonnes prefque autant de laves qu'à Saint-Laurent, & entr'autres une de trois pieds de longueur fur un pied & demi dans les autres dimenfions ; elle étoit roulée, poreufe, vitreufe dans la caffure, & élevée d'environ trente toifes fur le lit actuel de la rivière.

Je fus donc entièrement confirmé dans l'idée que les laves venoient du Drac, & fans plus m'arrêter à examiner les petites rivières & torrens collatéraux, je me rendis à l'endroit de la plaine, où les deux rivières qui portent chacune le nom de Drac fe réuniffent.

Nous rencontrâmes fouvent des Payfans ; ils étoient étonnés de me voir chercher des cailloux avec attention. Ils interrogeoient mon Guide, qui leur répondoit : Ce Monfieur va à la chaſſe des pierres , & les ſuit à la piſte depuis deux jours.

Etant dans l'endroit de la plaine où les deux Dracs ſe réuniſſent , j'en examinai les dépôts pour voir ſi je devois ſuivre le Drac qui vient d'Orcières , ou celui qui vient de Champoléon.

Ayant obſervé qu'il n'y avoit point de laves du côté d'Orcières , & qu'il y en avoit du côté de Champoléon , je n'héſitai pas d'entrer dans la vallée de Champoléon , & préciſément j'y trouvai des laves ; ce qui me confirma une obſervation que j'avois déjà faite pluſieurs fois, que dans une vaſte plaine où aboutiſſent pluſieurs rivières , les cailloux roulés de chacune , mélangés dans un certain endroit , ont enſuite leur département ſéparé.

Arrivé dans le terroir de Champoléon , & en ſuivant toujours le Drac , les laves diſparurent.

Mais je les retrouvai dans une petite rivière qui ſe jette dans le Drac.

Je ſuivis cette rivière , & les laves, ſans diſparoître , devinrent beaucoup moins abondantes.

Mais j'en trouvai en quantité dans un torrent qui ſe jette dans cette rivière.

Je remontai ce torrent , appelé le torrent

de Touron, & j'eus la satisfaction de trouver à sa gauche, après trois jours de marche de l'endroit d'où j'étois parti, une montagne entière de lave, matrice de toutes celles de la plaine du Champsaur, formant un des plus beaux volcans éteints qu'il y ait en France, & le plus élevé qu'on connoisse en Europe.

Description du Volcan éteint trouvé dans les Montagnes du Champsaur.

La montagne volcanisée est placée dans la vallée de Champoléon, qui fait partie du Champsaur; elle s'appelle *Drouveire* (1). *Veire,* dans la langue du pays, signifie *glacier*, & il y en a un attenant à cette montagne. C'est probablement un glacier qui a fait donner le nom de Drouveire à cette montagne jadis enflammée. Son sommet, vu de la plaine, paroît irrégulièrement découpé. Elle tient, par le N.E.,

---

(1) Il est rare que les Habitans des Alpes du Dauphiné donnent un seul nom à une montagne entière ; ils en ont autant qu'ils distinguent de quartiers. Pour avoir un nom collectif qui distinguât la chaîne qui s'étend depuis le Hameau du Châtelard jusqu'à Chaillot-le-Vieil, j'ai choisi le nom de *Drouveire*, donné à l'un des plus hauts pics & le plus connu dans les Villages voisins.

à la très-haute montagne de Chaillot-le-Vieil ; elle eſt ſéparée par le vallon d'Eſtrech des montagnes de Jours & de Cuperliouſe qui ſont à la gauche, & par le vallon du Touron, de la montagne de ce nom, qui eſt à la droite du volcan. Ces deux torrens embraſſent, pour ainſi dire, la montagne volcaniſée ; ils entraînent l'un & l'autre des laves compactes & poreuſes, & ſe réuniſſent, en ſe jetant dans le Drac, près du hameau qu'on appelle le *Châtelard.*

La montagne du Touron eſt à baſe ſchiſteuſe & à ſommet de grès : on l'appelle auſſi la *Veta*, du nom de Vète, qui, dans le langage du pays, ſignifie ruban, liſière, à cauſe qu'elle eſt par couches très-diſtinctes & comme *rubanée.*

La montagne de *Cuperliouſe* eſt de quartz ſchorlé, variant pour la couleur. Il y a deux lacs à ſon ſommet qui fourniſſent à de ſuperbes caſcades dans le temps des pluies, ou lors de la fonte des neiges. Cette montagne ſe joint par le commencement du vallon au volcan de Drouveire.

Vis-à-vis du volcan & de l'autre côté du Drac, il y a une montagne très-élevée qui eſt auſſi à baſe ſchiſteuſe & à ſommet de grès. Il y a dans ce ſchiſte une bande extrêmement noire, qui eſt d'abord horizontale , ſe relève enſuite & forme une très-haute pointe appelée le peiron , où l'on trouve du cuivre que les Habitans du pays prennent pour de l'or.

Il y a diverſes roches qui entourent le volcan, & lui ſervent pour ainſi dire de manteau. Comme il s'eſt fait jour à travers ces roches , il eſt à-propos de les décrire. En examinant avec attention les produits d'un volcan, & en les comparant avec les matières environnantes, on trouve ſouvent des rapports qui peuvent nous faire connoître quelle a été la matière première des laves élaborées par les feux ſouterreins.

En partant du vallon d'Eſtrech , & en ſuivant la montagne volcaniſée, on trouve d'abord un quartz ſchorſé qui a été ſéparé par le torrent de celui qui forme la montagne de Cuperliouſe ; vient enſuite une roche de corne ou ſchorl verd argileux , qui ſe prolonge juſqu'à la Chapelle du Châtelard , enſuite du grès & un ſchiſte un peu micacé. Toutes ces roches vont en s'abaiſſant, & laiſſent toujours plus à découvert la montagne volcaniſée, de forte qu'à l'entrée du vallon de Touron on trouve la lave noire & poreuſe au niveau même du torrent. Mais en ſuivant le vallon du Touron pour ſe rendre au ſommet du vol-

B 3

can, on rencontre encore des matieres étran-
gères; favoir, une molaffe contenant quelques
parties calcaires, des pierres calcaires, quelques fchorls argileux, & enfuite un quartz
verdâtre & fchorlé qui domine le volcan, &
forme la pointe de Chaillot-le-Vieil.

Le volcan de Drouveire eft donc comme
enclavé dans des roches de quartz fchorlé, de
fchorl argileux, de fchifte micacé, de grès &
de pierre calcaire : de-là vient que les laves
qu'il a vomies contiennent encore du fchorl,
quelques grains quartzeux & plufieurs de fpath
calcaire; de-là vient encore qu'il y a quelques
laves qui font un peu diffolubles aux acides,
à caufe fans doute de l'excès de terre calcaire
qui y eft entrée comme fondant, & dont le
feu n'a pas entièrement chaffé l'acide mé-
phitique.

Au-deffus du Châtelard, & en montant environ à la hauteur de cent cinquante toifes,
on voit la partie de la montagne que les
Payfans appellent *le Chapeau*, apparemment
parce que c'eft là le commencement, ou, comme
ils difent, la tête d'un ravin formé par les
eaux pluviales & par quelques fources, tantôt
plus, tantôt moins abondantes. Lorfqu'on
frappe la terre dans cet endroit, on entend
un bruit fourd, qui indique une concavité.

L'eau fupérieure, en filtrant à travers le rocher, forme des incruftations & des ftalactites d'une matière jaune comme du foufre, mais qui n'en a ni l'odeur ni le goût. Elles brûlent, ou, pour mieux dire, fe fondent expofées fur des charbons ardens, & répandent une odeur un peu bitumineufe. On voit au même endroit une efflorefcence faline, de l'ocre & des laves contenant des pyrites cuivreufes cubiques; il y a auffi des laves paffantes à l'état d'argile. Des couches de grès & de fchifte s'élèvent & font comme juxta-pofées à la montagne volcanique jufqu'à la hauteur du chapeau. Il devoit y avoir des pierres calcaires fur ce fchifte, puifqu'on en trouve des blocs fur la pente de la montagne.

Dans les grandes chaleurs le chapeau exhale une odeur défagréable, & qui approche, dit-on, de celle du foufre.

Après avoir vifité pendant quelques jours la partie baffe du volcan de Drouveire, je voulus en mefurer & reconnoître la pofition relativement à la pointe de Chaillot-le-Vieil ; entreprife pénible, vu l'âpreté du lieu, l'inconftance du temps, l'avancement de la faifon, & la difficulté d'avoir des Guides.

B 4

Je renvoyai celui que j'avois pris à Saint-Laurent du Crau, parce qu'il ne connoissoit pas ces montagnes ; je renvoyai celui qui m'avoit conduit au chapeau, parce que je ne me croyois pas en sûreté avec lui. Après bien des recherches inutiles pour trouver un Guide qui me convînt, M. l'Abbé Chevalier, Chapelain du Hameau, me donna Raymond Barberousse : c'est un homme sensé, honnête & intelligent. J'entre dans ces détails, parce qu'ils ne seront pas inutiles aux Naturalistes qui voudront visiter ces hautes montagnes.

Nous partîmes du Châtelard le 22 Septembre à la pointe du jour, le temps étant un peu à la pluie. Le baromètre sur la porte de l'Eglise marquoit vingt - quatre pouces une ligne ; nous étions donc à la base même du volcan, à environ six cents quatre - vingt - une toises sur le niveau de la mer.

J'entrai dans le vallon du Touron pour monter sur le volcan par l'endroit où les laves sont le plus à découvert ; j'y trouvai une avalanche tombée au mois d'Avril dernier, partagée en deux par la rivière, & qui, vu sa grosseur, n'avoit pas eu le temps de fondre en entier. Le baromètre se tenoit à côté de cette grande masse de neige à vingt-trois pouces cinq lignes, ce qui donne environ huit cents deux toifes d'élévation fur la mer. Il y a donc des circonftances de local dans les montagnes du Dauphiné, qui confervent la neige d'une année à l'autre à cette hauteur. Il eft important de remarquer que ces circonftances font rares dans les Alpes du Dauphiné, & très-communes dans les Alpes de la Suiffe. J'obfervai en 1777 que les glaciers de la Suiffe répondent, pour la plupart, à des élévations dans les montagnes du Dauphiné fur lefquelles la neige n'eft point permanente.

En fuivant la côte du vallon, on marche prefque toujours fur des laves compactes, & on arrive à un très-petit Hameau où les Habitans du Châtelard viennent faire le fromage pendant l'été. Il n'y refte l'hiver que quelques perfonnes pour garder les beftiaux, qui y confomment les fourrages ramaffés en automne. Le baromètre, placé à la croix du Hameau, étoit à vingt-deux pouces onze lignes, qui indiquent environ huit cents quatre-vingt-feize toifes d'élévation fur la mer. L'état du baromètre, pendant mon voyage, a été comparé avec l'état du baromètre obfervé dans le même temps à Turin, & avec beaucoup d'exactitude, par M. Jean-Dominique Béraud.

On marche enfuite pendant plus d'une

heure & demie fur un beau gazon (1) qui recouvre les matières volcaniques, & on voit de temps en temps des blocs énormes de laves compactes, contenant des globules de fpath calcaire ; ces blocs fe font détachés des fommités du volcan qui font à droite en montant.

Arrivé au commencement du vallon du Touron, j'ai trouvé au quartier appelé les Equilles quelques tronçons de bafaltes prif-matiques ; mais ils y font rares & ifolés. J'en ai envoyé un morceau affez régulier à M. Pajot de Marcheval, Intendant du Dauphiné, pour le Cabinet d'Hiftoire naturelle de Grenoble.

Peu loin de-là, on trouve une grande

---

(1) Tous les Auteurs qui ont parlé des volcans, ont reconnu que les laves favorifoient la végétation ; mais il faut pour cela qu'elles foient en débris, car rien n'eft plus ftérile qu'une maffe de bafalte. Les Habitans des lieux où fe trouvent des volcans éteints, pourroient em-ployer avec beaucoup de fuccès leurs produits à la fertili-fation des terres. Cet engrais, placé avec intelligence, pro-fiteroit autant dans les terres argileufes que le falun de la Touraine. J'ai fait cette obfervation en Languedoc, en voyant la fertilité extraordinaire des terres qui fervent de limites aux volcans. Les Payfans, en labourant les champs de ces contrées, ont opéré fans le favoir un mélange très-utile.

quantité de poudings renfermant des laves roulées, compactes & poreuses, & des échantillons de presque toutes les hauteurs qui composent la chaîne des montagnes de Chaillot-le-Vieil. Cet amas de cailloux roulés, curieux par sa position, a sans doute été formé par les torrens qui descendent de la montagne; mais dans un temps antérieur à l'excavation du vallon de Touron, puisque le pouding est dans certains endroits taillé à pic du côté même du vallon. Ce fait prouve la grande antiquité de ce volcan éteint, puisqu'il fournissoit des laves très-dures à des torrens dont les lits ont été comblés, & qui avoient leur cours avant l'excavation d'une vallée qui a plus de cinq cents toises de profondeur.

Il y a deux courans d'eau qui fournissent à la petite rivière de Touron. L'un descend de la montagne de Veta, & forme une cascade de plus de cent trente pieds d'élévation; il sort aussi de ce rocher & à coté de la cascade une quantité d'eau considérable, mais qui varie selon les saisons. On appelle cette fontaine le Tourondon. Elle offre une singularité remarquable, en ce qu'elle part non de la base, mais du milieu même d'un rocher taillé à pic. Le second courant d'eau s'échappe du cratère même du volcan (dont il sera bientôt question), fe perd enfuite fous un rocher qu'il a miné, & qui eft compofé de fragmens de quartz réunis ; & après avoir refté l'efpace de douze toifes fans paroître, il fe précipite dans la vallée. On appelle cet endroit le pont de Piffet. Le baromètre y étoit à vingt-un pouces quatre lignes, ce qui indique environ douze cents fept toifes fur le niveau de la mer. Quelque grande que foit cette élévation , il y a encore bien à monter pour arriver au fommet du volcan.

En deffus du pont de Piffet, le baromètre fe tenant à vingt-un pouces deux lignes, on trouve des bancs de pierre calcaire, d'un gris blanc , & dans laquelle il y a quelques empreintes de pectinites bien confervées. J'en ai emporté une : c'eft le foffile le plus élevé qu'on ait encore découvert en France ; il fe trouve à environ douze cents quarante-une toifes fur le niveau de la mer. M. de Sauffure en a trouvé au commencement à onze cents foixante douze toifes fur la mer , & M. de Luc, dans les Alpes de la Savoie , à treize cents fept & un tiers fur le même niveau.

En montant à Chaillot-le-Vieil du côté du Touron, on trouve une variété de pierre que je n'ai vûe que là. C'eft un quartz un peu gras , fchorlé , divifé par bancs & par couches depuis un pied jufqu'à trois à quatre pieds d'épaiffeur , placé prefque perpendiculairement. Cette pierre eft toute rayée , & ce qu'il y a de fingulier & de très-rare , ces raies font un angle droit avec les fentes plus ou moins vifibles qui féparent les couches. Ces pierres éclatent facilement , & fe fendent dans le fens des raies : de-là vient que toute cette partie de la montagne eft couverte de débris , fur lefquels on ne marche qu'avec beaucoup de peine.

Au midi de Chaillot-le-Vieil j'ai obfervé une couche de lave un peu poreufe dans fon intérieur comme à fa furface , ne contenant point de fpath , très-dure , très-noire & très-pefante. Elle eft placée entre deux couches de ce quartz fchorlé. Les couches font auffi dans cet endroit prefque perpendiculaires. La couche de lave a environ un pied & demi de largeur ; je l'ai fuivie l'efpace d'environ cinquante toifes. D'un côté, elle tient aux laves en maffe qui font à la droite ; de l'autre, elle fe perd fous un tas de décombre. La pofition de cette couche eft difficile à expliquer. Elle eft comme encaftrée dans le quartz fchorlé , dont les points de contact n'ont point été altérés. On peut fuppofer qu'il manquoit dans cet endroit une couche de quartz fchorlé qui avoit difparu par quelque caufe , & que cette couche a été remplacée par la lave en fufion. On peut fuppofer encore que le volcan s'eft fait jour dans cette partie à travers trois couches, qu'il en a détruit ou fondu une , & qu'il en a pris la place. Une de ces deux fuppofitions me paroît la plus vraifemblable ; car il feroit difficile de croire que le volcan eft contemporain à la formation de ce quartz fchorlé , & que la lave ayant coulé fur une couche de quartz , une autre couche de quartz la recouvre. Ce qui me paroît d'ailleurs détruire cette hypothèfe , c'eft que la couche de lave eft précifément de la même épaiffeur que les couches voifines ; deux caufes très - différentes n'auroient pas donné exactement les mêmes dimenfions aux couches.

Je crois qu'on peut conclure de l'exiftence de cette couche de lave entre des couches de quartz inclinées , que l'inclinaifon des couches de quartz de toute la montagne eft antérieure aux éruptions du volcan ; ce qui prouve qu'il a dû s'écouler un temps bien long depuis la formation de la montagne quartzeufe jufqu'aux premières éruptions du volcan de Drouveire. Les volcans les plus antiques font bien modernes, en les comparant à d'autres révolutions que le globe a effuyées.

En fe détournant à droite, on marche toujours fur des laves compactes ou poreufes,
dont plufieurs font en débris (1) , & on arrive
après trois quarts-d'heure de marche à l'endroit
appelé *Paire - Nière* , où l'on trouve des pyrites cuivreufes dans la lave. Ce lieu eft un des
bords de l'immenfe cratère que conferve encore
ce volcan formé par des buttes de bafaltes en
maffe, laiffant entr'elles un grand efpace. Ce
cratère, appelé *la Muande*, n'eft pas dans
fon état primitif; il s'eft agrandi, & en partie
comblé par la chûte d'une partie des bords.
Les murs de lave qui l'entourent aujourd'hui,
forment comme une rampe très - inclinée du
côté de l'eft. A l'endroit le plus bas de cette
rampe le baromètre fe tenoit à vingt-un
pouces onze lignes, vers les deux tiers à vingt
pouces une ligne; & le fommet, fur lequel
il m'a été impoffible de parvenir, m'a paru être
feulement de cent toifes plus bas que la
pointe de Chaillot-le-Vieil. Le bord inférieur
du cratère tient à des collines volcaniques,
qui vont en s'élevant jufqu'à une pointe de
la montagne appelée *le Clos du Puy*.

___

(1) En concaffant ces laves on en feroit de la pouzzolane, dont on connoît l'utilité pour bâtir dans les endroits humides. M. Defmarets a décrit un moulin propre
à cet ufage. Voyez l'excellent Mémoire de M. *Faujas de
Saint-Fond* fur la pouzzolane du Vivarais.

Le cratère a dans son état actuel environ quatre-vingts toises dans son petit diamètre, trois cents toises dans le plus long, & près de quatre cents toises de profondeur en partant du bord le plus élevé. Il est couvert de neige pendant plus de six mois de l'année. Il y a des sources abondantes tout autour, & l'eau qui en jaillit, se réunit à l'endroit le plus bas, & y forme un petit lac, dont on peut faire le tour dans cinq minutes. Il étoit autrefois beaucoup plus grand ; mais les eaux, après avoir occupé long-temps toute l'étendue du cratère, se sont ouvert un passage par l'endroit le plus foible, & se sont presque toutes écoulées par le ruisseau du pont de Pisset, dont j'ai déjà parlé. C'est à l'action continuelle de ces eaux, que le cratère doit sa forme ovale.

Dans le fond du cratère, & même sur ses bords, il y a des laves rouges qui ont passé à l'état d'argile (1), & qui forment une espèce de bol : on appelle cet endroit *les Terres rouges.*

---

(1) J'ai observé dans plusieurs volcans éteints, que ces laves qui passent à l'état d'argile, sont le plus souvent près d'une source d'eau ; ce qui me fait présumer que cette décomposition, que le Professeur Joseph Vairo a observée le premier, n'est pas toujours due à des vapeurs sulfureuses, mais qu'elle s'opère encore par voie humide dans les volcans éteints.

On

On y trouve aussi, comme au Chapeau, des stalactites, répandant, lorsqu'on les brûle, une odeur bitumineuse.

En sortant du cratère, on trouve de côté & d'autre une lave noire très - poreuse, & dont on pourroit, je crois, faire des meules aussi bonnes que celles du volcan éteint d'Agde, desquelles on fait un grand usage même en Russie, & qui ont été employées par les Romains. Je me suis assuré de ce dernier fait en visitant les décombres d'une Ville nommée *Pisave*, que j'ai découverte à demi-lieue de *Sallon-de-Crau* en Provence. J'ai encore trouvé des débris de laves façonnées en meules à Arles & à Cavaillon, dans les ruines de plusieurs édifices construits par les Romains; j'en conserve des échantillons.

Il y a au sommet du cratère du volcan éteint de Drouveire, un glacier qui s'étend jusqu'au vallon de Valestrech. Il est à treize cents toises au - dessus du niveau de la mer, & n'a cependant que vingt - cinq toises de profondeur, sur environ trois cents de diamètre. J'en ai vu d'énormes dans le Valais, qui ne sont qu'à huit ou neuf cents toises sur le même niveau (1).

____

(1) Les Auteurs, qui, en se copiant les uns les autres,

C

Les Habitans du lieu affurent que la foudre tombe plus fouvent fur la montagne de Drouveire que fur les autres.

---

ont prétendu qu'il exiftoit en Suiffe & en France une ligne élevée de quinze cents toifes fur la mer, au-deffus de laquelle la neige ne fondoit point, n'avoient pas fans doute voyagé dans les montagnes de la Provence & du Dauphiné, ni mefuré la hauteur des Alpes. L'élévation fur le niveau n'eft pas la feule caufe de l'exiftence des glaciers; la coupe du terrein, la pofition des vallées relativement au foleil & au vent, &c. &c., y influent prodigieufement. C'eft par des circonftances locales qu'on doit expliquer le double phénomène des petits glaciers fur les plus hautes montagnes du Dauphiné, & des glaciers immenfes dans plufieurs vallées affez baffes de la Suiffe & de la Savoie. C'eft auffi la raifon pour laquelle on voit des glaces dans des vallées où il n'y en avoit point autrefois. Il eft inutile, pour expliquer ce fait, de recourir à la fuppofition du refroidiffement de la terre. Par exemple, j'ai vu, pendant mon féjour dans le Valais, des avalanches combler des vallées, des bancs de glace couler dans des endroits bas; ces matières y refteront jufqu'à ce qu'elles foient fondues, & il faut fouvent pour cela nombre d'années: mais il ne fuit pas de là que ces vallées foient plus froides aujourd'hui qu'autrefois; dans les années très-chaudes, il y a des vallées qui fe dégagent, & qui reftent libres; l'augmentation des glaciers (toutes les circonftances locales étant les mêmes) ne vient pas de ce que la neige demeure permanente dans des lieux où elle fondoit autrefois; mais de ce que le poids des glaces les entraîne dans les vallées, où elles ne fondent que très-lentement.

Je dois faire remarquer ici que la pierre roulée du Drac, qu'on trouve dans tous les cabinets, & qui eſt regardée par les Naturaliſtes comme une eſpèce de variolite qu'ils appellent *variolite du Drac*, pour la diſtinguer de la belle variolite de la Durance (1), n'eſt autre choſe qu'une lave noire & compacte, contenant du ſpath en globules, dont j'ai trouvé la matrice dans le volcan éteint de Drouveire parmi des maſſes de baſalte poreux, qui ne contiennent point de ſpath. On avoit pris cette eſpèce de piperine pour la pierre de corne de Wallerius. On aſſure que la variolite décrite par M. de Sauſſure eſt parfaitement ſemblable à celle du Drac. Si cela eſt, la variolite de M. de Sauſſure, pourroit bien être auſſi un produit volcanique.

Je ne voulus pas quitter cette chaîne de montagnes ſans aller ſur le plus haut ſommet de Chaillot-le-Vieil, qui domine le volcan éteint

____

(1) J'ai trouvé dans la rivière de la Doire, depuis le mont Genève juſques dans la plaine de Turin, une très-grande quantité de variolites qui ne diffèrent en rien de celles de la Durance. M. le Chevalier Napron en a trouvé dernièrement une fort belle dans le pavé de la Ville ; je compte vérifier avec ce Savant s'il y a en Piémont d'autres rivières que la Doire qui en entraînent.

de Drouveire. Je le propoſai à mon Guide, qui n'y conſentit qu'après bien des ſollicitations. Il y avoit huit heures que nous étions en marche par des chemins pénibles, & quelquefois dangereux. Trois Bergers que nous rencontrâmes ſe joignirent à nous, & nous conduiſirent par une route plus courte, mais périlleuſe. Dans une heure & demie nous arrivâmes au ſommet de Chaillot-le-Vïeil, en marchant preſque toujours ſur la neige ou ſur des roches en débris. Le thermomètre y étoit à trois degrés au-deſſus de la glace, & le baromètre s'y ſoutint à dix-neuf pouces deux lignes. Nous étions donc à environ ſeize cents ſoixante-douze toiſes ſur le niveau de la mer (1); c'eſt la plus grande élévation où l'on ſoit parvenu juſqu'aujourd'hui en Europe. Je n'y ai éprouvé aucun mal-aiſe, aucune difficulté de reſpirer, non plus que les

---

(1) M. Villar, très-habile Botaniſte de Grenoble, donne une hauteur moins grande à cette montagne, ſur laquelle il eſt monté le 28 Août 1781. Voyez Journ. de Phyſ. du mois d'Avril 1783. Mais il avoue qu'il avoit été obligé de ſe ſervir d'un mauvais baromètre, qui n'étant point purgé d'air ſe tenoit ſix lignes trop bas. Au reſte, l'élévation qu'on prend avec le baromètre n'eſt jamais qu'une approximation.

Guides que j'avois avec moi. L'alkali volatil fluor, quoique flairé fortement, n'excitoit plus qu'une senfation très-légère : l'acide nitreux abforboit moins d'air que dans la plaine ; car fon évaporation, très-vifible dans la plaine en débouchant le flacon qui le contenoit, n'étoit plus vifible fur la montagne. Je voulus juger de la force relative de l'effervefcence fur la montagne & dans la plaine ; mais je ne le pus, ayant perdu dans le voyage le morceau de pierre calcaire que j'avois pris dans la plaine.

Je m'attendois à jouir d'une belle vue, étant à une fi grande élévation : mais peu de temps après notre arrivée, nous fûmes enveloppés par un brouillard des plus épais, & accompagné de neige ; nous le vîmes venir pouffé par le vent, & s'élevant à mefure. Nous n'avons guères plus fu par où defcendre, nous trouvant perchés fur un pic au milieu des airs, & comme noyés dans un océan de brouillard. Après avoir confulté l'aiguille aimantée, je me mis en route. Deux de mes Guides, & précifément ceux qui portoient les provifions, prirent un chemin dangereux, & qui me paroiffoit devoir les conduire du côté de Molines. Je ne voulus pas les fuivre, & nous les perdîmes bientôt de vue. J'entends par chemin une direction, car il n'y a pas feulement la trace d'un fentier. Je me conduifis quelque temps en me réglant fur la difpofition des couches que j'avois ob-fervées en montant : mais cette reffource ne dura guères, car les couches difparurent fous la neige & les décombres ; mes Guides ne favoient par où aller. Nous marchions, & après quelques pas, nous rencontrions des préci-pices. Par bonheur, mon chien qui ne m'avoit pas quitté nous remit dans la vraie voie, & nous arrivâmes à nuit tombante au Hameau du Châtelard, après treize heures d'une marche forcée, n'ayant prefque point pris d'aliment, & ayant effuyé la pluie ; mais dédommagés de nos fatigues, du moins pour ce qui me concerne, par tout ce que nous avions obfervé.

J'ai oublié de dire que le fommet de la mon-tagne forme un plateau qui n'a guères plus de dix toifes en quarré, & eft compofé du quartz fchorlé que j'ai déjà décrit. La végétation n'y a lieu que pour une feule plante, qui eft le *lichen geographicus*. Cette plante eft de tous les cli-mats ; car elle eft dans toute fa vigueur fur les bords de la mer en Provence, où il fait des chaleurs exceffives, & fur la montagne de Chaillot-le-Vieil où il gèle prefque tous les jours de l'année.

Vues fur l'origine de la plaine du Drac dans le Champfaur, & fur la caufe de l'extinction du volcan de Drouveire.

L'Océan, regardé par les Naturaliftes de tous les fiècles comme *le vieux Père des chofes*, n'eft lui-même qu'un enfant, dont on a méconnu l'origine. Cette vérité, dont j'ai donné allleurs des preuves, fera démontrée dans les Mémoires que je prépare fur l'Hiftoire naturelle de la terre. Il me fuffit aujourd'hui de faire voir que l'amas énorme de cailloux roulés qui forme la plaine du Champfaur, ne doit point fon exiftence à la mer, & que la mer n'a point attifé les feux fouterreins du volcan de Drouveire.

Les eaux des pluies, en fillonnant la terre, ont creufé des ravins par où elles fe font écoulées dans les lieux les plus bas & les plus propres à les contenir. Réunies en torrens, elles ont entraîné les pierres qu'elles détachoient des montagnes, & dont les angles ont été arrondis par un continuel frottement. En examinant attentivement les diverfes variétés de pierres roulées qui font dans la plaine du Champfaur, & en parcourant enfuite les montagnes qui font comprifes dans le baffin du Drac; on voit évidemment que tous ces cailloux roulés ne font que des fragmens des diverfes roches des montagnes qui ont été entraînés par la rivière du Drac même, ou par les torrens & rivières qui s'y dégorgent. Il eft donc peu raifonnable de recourir à la mer qui eft à quarante lieues de-là, & plus baffe de fept cents toifes, pour expliquer la pofition de tous ces cailloux (1).

Il eft vrai qu'on trouve des cailloux roulés à plus de cent cinquante toifes, fur le niveau actuel du Drac; il eft vrai qu'on trouve encore que cette plaine paroît avoir une grandeur peu proportionnée avec la quantité d'eau qui coule dans le Drac. Mais obfervons que les fleuves & les rivières n'ont pas pu creufer tout de fuite leur lit d'une manière uniforme; il a fallu que le poids & la violence des eaux fur-montaffent les obftacles qui s'oppofoient à leur écoulement. Avant d'en venir à bout, elles fe font réunies en lacs, dont la grandeur étoit relative au nombre & à la groffeur des tor-rens & des rivières qui y affluoient. C'eft ainfi que les eaux du Drac ont autrefois couvert

---

(1) Voyez les réfultats généraux fur la théorie de la terre, qui fe trouvent à la fin de chacun des Mé-moires que j'ai publiés dans le Journal de Phyfique depuis 1780.

la plus grande partie du Champfaur, avant
qu'il fe fût ouvert un paffage à travers les
montagnes qu'on voit encore refferrées du côté
de *Corps*. Suppofons qu'on ferme cette gorge
d'écoulement, & nous verrons les eaux de la
rivière remplir de nouveau la vallée, & s'éle-
ver au-deffus des cailloux roulés qui la domi-
nent aujourd'hui. C'eft dans cet ancien lac fluviatile, que les torrens amenoient les laves
de Drouveire, les quartz de Chaillot-le-Vieil,
les grès d'Orcières, & tant d'autres fubftances
que nous trouvons répandues dans la plaine,
qui n'eft que le fond de l'ancien lac. Comme
dans cette contrée les montagnes calcaires
vont fe joindre à des montagnes quartzeufes
plus élevées, les eaux qui découloient de
celles-ci ont attaqué les matières qui leur oppofoient une moindre réfiftance ; elles ont dû
par conféquent s'établir de préférence dans la
partie calcaire, beaucoup moins dure & plus
diffoluble que la partie quartzeufe : auffi trou-
vons-nous le lit du Drac féparant ces deux
efpèces de montagnes, & la plaine formant un
arc dont la partie faillante eft placée en entier
dans la partie calcaire, comme on peut le voir
dans la Carte Lithologique & Phyfique qui
accompagne ce Mémoire. C'eft ainfi que la
vafte plaine du Piémont, toute couverte de

cailloux roulés, dépôts visibles d'un ancien lac, s'eſt agrandie de préférence du côté des collines de Turin oppoſées aux Alpes ; ces collines ſont toutes calcaires, tandis que les bords de l'ancien lac, formé par les eaux du Pô & des rivières qui s'y jettent, étoient de pierre quartzeuſe du côté des montagnes (1).

Un autre lac, formé autrefois par les eaux de la Durance du côté de Gap, ayant auſſi rongé le terrein calcaire, il fut un temps où les eaux de ce lac communiquoient, par le col de Saint - Guigues, avec celui qui étoit alimenté par les eaux du Drac. Les cailloux roulés des deux rivières, d'eſpèces différentes, & qu'on trouve encore mêlés au ſommet de ce col, prouvent cette ancienne & étonnante communication, ſur laquelle je reviendrai dans mon Ouvrage en donnant la généalogie des rivières qui ſe rendent aujourd'hui dans la Durance.

L'ancien lac du Champſaur s'étant ouvert un paſſage à l'endroit où l'on voit encore les

---

(1) J'ai donné ailleurs pluſieurs exemples qui confirment cette théorie ſur *la forme des lacs.* Voyez dans le Journ. de Phyſ. Mars 1782, le Mémoire contenant les vues ſur l'origine des pierres gypſeuſes. J'expliquerai ailleurs, d'après le même principe, la forme du lac de Genève, dont j'ai fait le tour.

montagnes refferrées , & formant un véritable détroit , les eaux fe font écoulées ; le fond du lac a été enfuite fillonné par les eaux toujours affluentes qui y ont établi un lit conftant. Une rivière traverfant une plaine inégale & caillouteufe (1), a dû par conféquent prendre la place de l'ancien lac ; & cette rivière a tranfporté dans la fuite des laves & autres cailloux roulés , jufqu'à Grenoble dans l'Ifere , qui a dû en entraîner à fon tour dans le Rhône , & le Rhône dans la mer.

C'eft à cette époque que la belle vallée du Champfaur a pu être habitée par les hommes : leurs demeures , conftruites dans plus d'un Village en cailloux roulés , nous montrent pour ainfi dire encore les médailles qui conftatent cette antique révolution.

Les volcans que nous connoiffons aujourd'hui , font prefque tous peu éloignés de la mer. L'eau paroît un élément néceffaire à leur formation ou du moins à leur entretien ; c'eft pour cela que les Naturaliftes qui ont voulu tout expliquer par le féjour fuppofé de la mer fur le continent , ont cru que les volcans éteints

---

(1) Le fond des lacs exiftants eft toujours couvert de cailloux roulés lorfque les rivières affluentes en entraînent ; ce qui démontre ma théorie.

que nous trouvons répandus au milieu des
terres, étoient autrefois fur le bord de la mer,
dont ils élèvent le niveau, & qu'ils font voyager
à leur gré. Mais on n'a pas befoin de recourir
à cette hypothèfe fans fondement, pour donner une raifon de l'exiftence & de l'extinction
des volcans. De grands lacs ont pu les en-
tourer. Par exemple, un grand lac formé par
le Rhône avant qu'il fe fût ouvert un paffage
au détroit de Viviers, baignoit les volcans
du Vivarais ; en defcendant le Rhône, on en
voit encore le fuperbe baffin. Si nous confi-
dérons le volcan de Drouveire que nous
venons de décrire, nous verrons que fa
bafe étoit dans le lac fluviatile, puifque les
cailloux roulés les plus élevés, qui ne défi-
gnent encore que le fond du lac, font fupé-
rieurs de plus de cent pieds à la bafe du volcan. Les eaux de ce lac, & celui de la Durance auquel il communiquoit, s'étant écoulées, le volcan s'eft éteint ; & nous le voyons
encore aujourd'hui placé au milieu du baffin
du Drac, & élevé de plus de 1500 toifes fur
le niveau de la mer, dont il eft très-éloigné &
féparé par de grandes chaînes de montagnes.

RÉFLEXIONS.

Sur les doutes de plufieurs Naturaliftes, rélatifs à l'exiftence du volcan éteint de Drouveire.

SUR la fimple annonce que j'avois faite d'un volcan éteint, découvert dans les Alpes du Dauphiné, plufieurs Naturaliftes eftimables fe font rendus fur les lieux ; d'autres fe font procuré quelques échantillons des pierres que j'indiquois. Les uns & les autres ont cru que j'étois dans l'erreur ; pour moi je fuis perfuadé qu'ils fe trompent : mais comme nous cherchons tous la vérité de bonne foi, j'efpère que nos difcuffions feront utiles. Au refte, fi on donne des preuves de ma méprife, ou que je découvre moi-même que j'ai eu tort, je l'avouerai fans peine. En Hiftoire Naturelle, comme dans les autres Sciences, l'erreur eft l'apanage de l'homme ; & ce n'eft prefque jamais qu'à travers des erreurs commifes, qu'on a quelquefois le bonheur de trouver la vérité.

Le Mémoire qui précède n'eft pas connu de mes Critiques ; je l'avois lu à l'Académie Royale des Sciences de Turin avant de favoir quels étoient leurs doutes, & j'ai cru devoir l'imprimer fans y faire aucun changement.

N°. Ier.

*Exposé des doutes sur l'existence d'un volcan éteint
dans les Alpes du Dauphiné.*

I. Un Naturaliste avec lequel je suis en correspondance, & à qui j'avois fait part de ma découverte, me répondit ce qui suit :

« Votre Lettre m'a fait autant de plaisir
» qu'elle m'a étonné, & je vous assure que si
» je n'avois pas une confiance extrême en vos
» lumières, je ne pourrois jamais me persuader
» qu'il y eût un volcan dans la partie où vous
» m'assurez en avoir trouvé un. Votre décou-
» verte est si importante, si elle est à l'abri de
» toute contestation, qu'elle offre un phéno-
» mène extraordinaire en fait de produits vol-
» caniques ; car jusqu'à présent on n'a pas vu
« un volcan isolé & partiel ».

Réflexions. S'il existe des volcans isolés &
partiels, & si ces volcans sont communs même
en France, on ne doit pas regarder le volcan
de Drouveire comme un phénomène extraordinaire, nouveau, & de l'existence duquel on
ne pourroit facilement se persuader.

L'étude qu'on a faite des grandes chaînes
de montagnes volcanisées du Vivarais & de
l'Auvergne, a fait croire qu'il y avoit une
grande zône brûlée qui partoit de l'Auvergne

& même de plus loin, pour joindre le Velay, le Vivarais, & qui traverſant une partie de la France, aboutiſſoit à Agde, s'enfonçoit enſuite dans la mer, traverſoit le golfe de Lyon, & alloit gagner en droite ligne les volcans éteints de la Corſe, tandis qu'une ligne partant de celle d'Agde, venoit joindre les volcans éteints de la Provence, pénétroit vraiſemblablement dans les Apennins pour aller ſe confondre avec les volcans d'Italie, &c.

Il faut avouer que cette idée eſt grande & belle dans ſon genre; mais je crois néceſſaire de faire voir qu'elle manque de vérité.

J'ai viſité avec beaucoup d'attention les volcans éteints du Languedoc & de la Provence, & me ſuis aſſuré *qu'ils ne communiquent point entr'eux ni avec ceux du Vivarais.* Ceux même qu'on trouve en Provence, ſont la plupart fort éloignés les uns des autres. Par exemple, celui de Beaulieu, qui eſt à quelques lieues d'Aix, ne joint pas, comme on l'a dit, ceux d'Evenas & d'Olioule; il en eſt à plus de quinze lieues.

Le volcan de Tourves & celui de Fréjus en Provence, celui de Montferrier en Languedoc, ſont auſſi parfaitement iſolés.

Enfin le volcan éteint de Poligné en Bretagne, indiqué par M. le Baron de Dietrich (1), & qui n'a point encore été décrit, non-feulement eft parfaitement ifolé ; mais il eft incomparablement plus éloigné des volcans éteints reconnus, que ne le feroit celui de Drouveire.

Ce volcan de Poligné, qui n'eft qu'à une lieue des fameufes mines de Pompean, mérite l'attention des Naturaliftes. Quelques Savans, qui ont été fur les lieux avant qu'on s'occupât beaucoup de volcans éteints, ne l'ont pas reconnu. Je crois que c'eft le plus petit des volcans du Royaume, & je ne connois que celui de Montferrier, qu'on peut en quelque forte lui comparer. En 1780 je fus de Paris en Bretagne exprès pour le vifiter, & les phénomènes particuliers qu'il me préfenta, me firent le plus grand plaifir. J'y reconnus entr'autres chofes que le tripoli, qu'on range dans la claffe des pierres argileufes, n'eft qu'un produit volcanique. Lemery l'avoit foupçonné ; M. Pazumot m'a dit qu'il avoit depuis long-temps la même opinion, & qu'elle étoit fondée

____

(1) *Lettres fur l'Italie*, par M. Ferber, pag. 71, 257 & 315.

fur des obſervations qu'il avoit faites en Auvergne. La choſe m'a paru démontrée à Poligné ; ce petit volcan s'eſt ouvert un paſſage
à travers des couches de grès. J'ai choiſi fur
les lieux quelques quintaux de pierres que je
fis tranſporter à Paris , & qui ſe trouvent
aujourd'hui à Salon dans mon cabinet. On
y voit le grès le plus pur , enſuite un peu
altéré , paſſer par plus de cent nuances , &
paroître ſous la forme d'un très-beau &
excellent tripoli. Le grès eſt placé au plus
haut d'une armoire ; le tripoli dont on fait
uſage eſt à la dernière planche : on ne peut
diſtinguer qu'avec la plus grande attention
chaque échantillon de ſon voiſin , tandis que
les deux extrêmes paroiſſent n'avoir rien de
commun. Le tripoli me paroît cependant
conſerver encore quelque choſe de ſa première origine , & je dirai aſſez volontiers que
le grès eſt au tripoli, ce que le ſchiſte eſt à
l'argile. Je ne voudrois cependant pas aſſurer
que la nature n'a qu'un moyen pour former
du tripoli , & que jamais il ne ſe forme par
voie humide , & indépendamment des feux
ſouterreins : mais cette digreſſion eſt peut-
être déjà trop longue ; je ferai connoître dans
une autre occaſion ce volcan , & ceux que j'ai
viſités qui n'ont point été décrits ; il me

D

fuffit dans ce moment d'avoir prouvé qu'il exifte des volcans éteints ifolés & partiels.

II. On a mis le Mémoire fuivant dans les affiches du Dauphiné du 7 Novembre 1783.

» « Il n'eft pas étonnant qu'une Province
» auffi étendue , auffi variée par l'élévation,
» la ftructure de fes montagnes & par fes
» productions naturelles, que l'eft le Dauphiné,
» offre chaque jour des recherches intéref-
» fantes aux perfonnes qui ont le courage de
» la parcourir. M. de Lamanon, animé par le
» zèle infatigable qui, en diftinguant les vrais
» Naturaliftes , affure leurs fuccès , n'a pas
» craint de perdre fon temps en marchant
» fur les traces de MM. Guettard , Faujas &
» autres Naturaliftes qui ont parcouru le
» Dauphiné. Il a cru même voir le moment
» où, plus heureux encore, il devoit fe preffer
» d'inviter d'autres perfonnes à le feconder,
» en leur annonçant *la découverte d'un fuperbe*
» *volcan éteint.* Jufqu'ici MM. Guettard &
» Faujas ont eu raifon de dire qu'il n'exifte
» aucune marque de volcan dans la Province.
» Mais fi la découverte de M. de Lamanon n'en
» eft pas une, elle deviendra peut-être plus
» intéreffante encore, puifqu'elle offre, finon
» des reftes du volcan, au moins des couches
» de rocher qui les imitent trop pour ne pas
» s'y tromper.

» M. l'Intendant, toujours difpofé à favo-
» rifer les recherches qui peuvent tendre aux
» progrès des Sciences utiles, engagea le
» R. P. Ducros, MM. Delière & Villars, à
» vérifier la découverte que M. de Lamanon
» lui avoit annoncée par une lettre datée de
» Saint - Laurent - du - Cros du 27 Septembre
» dernier, pour faciliter la route aux per-
» fonnes curieufes de faire le même voyage.
» Voici celle que ces Naturaliftes ont tenue.
» On prend à Grenoble le chemin de Gap
» jufqu'au Brutinel, où l'on quitte la route
» pour prendre la gauche, en remontant le
» cours du Drac, foit par Saint-Laurent, la
» Plaine & Orcière fur la rive gauche du tor-
» rent; foit par Saint-Bonnet, Saint-Julien,
» Chabottes, Saint-Jean & Champoléon, fur
» la rive droite du même torrent. Ce dernier
» chemin vaut mieux, en ce qu'il fuit le
» Drac de plus près, où l'on voit les cailloux
» *volcaniformes* & autres que ces eaux amènent
» des montagnes; & parce qu'il conduit di-
» rectement à Champoléon, où il faut fe
» rendre néceffairement. Parvenu au Châte-
» lard, on voit ce Hameau bâti fur un rocher,
» qui par fa couleur imite les laves folides.
» Les maifons font conftruites avec les mêmes
» pierres : on quitte la branche principale

» du Drac pour fuivre celle qui vient direc-
» tement de Chaillot-le-Vieil en paffant par
» le Hameau des *Fermonds* ou *Fremond* par les
» *forêts* du même Village, pour parvenir aux
» Muandes du Touron, qui forment les beaux
» pâturages & le baffin de Chaillot-le-Vieil
» appartenant à Madame la Marquife de Saf-
» fenage, à la Communauté de Champoléon
» & à divers Propriétaires, mais dont les eaux
» tombent toujours aux *Fermonds.*

» On ne s'arrêtera pas à décrire les rochers
» couleur de bafalte en maffe qui fe trouvent
» fur le bas flanc de la montagne du Puy, de
» la Dretz, de Peouroi, non plus que celui
» du *Chapeau* fitué au deffus du Châtelard &
» au bas de la *Drouveire.* Ils ne font tous que
» la continuation d'un banc ou couche bien
» caractérifée fur le fommet du *Puy*, qui tantôt
» eft marquée ou interrompue par des ébou-
» lemens, tantôt fracturée & déplacée de fon
» ancien lit. Le rocher appelé le Chapeau eft
» remarquable en ce qu'il contient des efflo-
» refcences falines *vitrioliques* & dues à la dé-
» compofition des pyrites, matières que M.
» de Lamanon a peut-être prifes pour du
» bitume, en ce que ce même Naturalifte
» voyant ce rocher paroître crever la mon-
» tagne dans une pofition horizontale à fa

» partie inférieure , il le prit, felon le rapport
» de fes Guides, pour une bouche latérale
» du volcan. Prévenu en faveur de fa décou-
» verte , ou plutôt fatigué par fes longues
» & pénibles courfes , M. de Lamanon ne
» monta pas au-deffus du *Chapeau* pour voir
» la partie de la montagne du Puy appelée
» la *Drouveire*, qui n'eft qu'une peloufe unie
» & gazonnée : quelques pas de plus lui au-
» roient fait voir l'inclinaifon ou la pente de
» ces couches *volcaniformes*, qui, quoiqu'hori-
» zontales en apparence & vues pardeffous ,
» fuivent celle de la montagne qui regarde
» le levant & le midi. Il n'auroit pas dit
» alors: *Le volcan fe trouve à la Drouveire*, pla-
» teau uni, gazonné, fans apparence de cou-
» ches, ni de veftiges de blocs, ni de cail-
» loux volcaniformes.

» Parvenus aux Muandes du Touron , on
» s'élève fur le fommet du Puy , appelé
» *Peyre - Nière* (pierre noire), où l'on voit
» des couches fuivant l'inclinaifon de la mon-
» tagne , d'une terre rouge inattaquable aux
» acides , & femblable à la *pouzzolane* , cou-
» verte par une plus grande en forme de
» brèche ou de pouding , compofée de cette
» même terre qui fert de gluten à des cailloux
» granitiques, fchifteux, calçaires , arrondis ,

» angulaires , grands , petits , &c. ; une troi-
» fième couche de rocher noirâtre ou brun ,
» couleur de lave, le plus fouvent criblée à
» la fuperficie par des pores arrondis de deux
» lignes jufqu'à fix , remplis de fpath calcaire ;
» quelquefois veinée par la même matière
» que le temps détruit , laiffant ces pierres
» criblées comme des laves poreufes fans en
» avoir cependant la légèreté. Si l'on caffe
» ces pierres , l'intérieur eft plus compacte ,
» n'eft pas privé du fpath qui remplit fes
» vuides, & n'a qu'une couleur grife de ftéatite
» brune , verdâtre ou comme micacée , au
» lieu de cette couleur de fcorie ou de fer
» bruni par le temps, ou même de rouille
» que lui donne l'air intérieur.

» Les Muandes de Touron, ou les pâtu-
» rages de Chaillot-le-Vieil, forment un grand
» baffin d'environ huit cents toifes de dia-
» mètre , ouvert au midi comme un plat à
» barbe. Tout l'intérieur de ce baffin , ainfi
» que les deux aîles, dont le fommet du Puy
» forme la droite, font remplis de ces mêmes
» couches plus ou moins épaiffes , & fouvent
» recouvertes par un grès dur & ancien, fou-
» vent auffi par des marbres calcaires. Ces
» couches fe prolongent dans les montagnes
» voifines, dans le Champfaur , à Chaillot-

» le-Vieil, aux Infournas, &c.; elles imitent
» tellement les matières volcaniques par leur
» couleur, & quelquefois par leur situation,
» qu'il a fallu parcourir la montagne dans
» tous les sens pour en étudier la position &
» l'origine. On a même eu recours à quel-
» ques expériences qui ont confirmé leur
» nature argileuse non volcanique. Ces re-
» cherches feront l'objet d'un Mémoire plus
» détaillé, dont celui-ci n'est que le précis.
» On devoit au Public & à M. de Lamanon
» ce résumé du voyage. Il ne sera pas le seul
» qui croira ces montagnes volcanisées : les
» apparences, en excusant son erreur, invi-
» tent les Naturalistes à les étudier. Posées
» ou adossées sur les montagnes granitiques,
» elles offrent leur point de contact & de
» ralliement avec les grandes montagnes cal-
» caires, par conséquent des recherches in-
» téressantes sur la théorie du globe ».

Réflexions. Il me semble que la relation du voyage des Naturalistes de Grenoble prouve beaucoup plus l'existence du volcan qu'elle ne la combat. Ces pierres *criblées comme des laves poreuses,* ces pierres *noires & compactes comme les basaltes,* ces couches de rocher qui par leur couleur *imitent trop des restes de volcan pour ne pas s'y tromper,* ces terres rouges

D 4

ſemblables à la pouʒʒolane , & qui ont au milieu d'elles *un grand baſſin ouvert au midi
comme un plat à barbe* , n'indiquent-elles pas
un volcan éteint qui conſerve encore ſon
cratère ? Pour faire voir qu'il n'y avoit-là
que des *apparences* trompeuſes , ne falloit-il
pas donner les caractères diſtinctifs des laves ,
faire voir que ces caractères ne convenoient
pas aux pierres de Drouveire , & donner à ces
pierres leur véritable dénomination ? Juſqu'à ce
qu'on ait fait cela , ces prétendues apparences
décrites par MM. Ducros , Villars & Delière
avec une franchiſe & une bonne foi qui ca-
ractériſent les vrais Savans , me paroiſſent des
faits certains qui dépoſent contre leur manière de conclure.

En comparant tout ce qu'ils rapportent
dans leur Mémoire avec ce que je dis dans
le mien , on trouvera , je penſe , la réponſe à
toutes leurs objections.

Les pierres qu'on trouve à certains endroits
de la montagne de Drouveire , diſpoſées par
couches , n'ont rien de plus contradictoire que
les couches de laves qu'on voit à Saint-Thi-
bery en Languedoc , ou que les baſaltes diſ-
poſés par bancs & par couches très régulières ,
obſervés & décrits par MM. l'Abbé Fortit ,
Strange , & Colini.

Pour que les pores qu'on voit dans les pierres bafaltiques de Drouveire puſſent être fuppoſés devoir leur origine à la décompoſition des noyaux de ſpath, il faudroit que les pierres poreuſes ne le fuſſent jamais qu'à la ſurface, & que les pierres poreuſes continſſent toutes des noyaux de ſpath, ce qui n'eſt point. On trouve non-ſeulement à Drouveire, mais encore dans le lit du Drac, des pierres poreuſes à la ſurface & dans l'intérieur; il y en a auſſi & en très-grand nombre qui ſont poreuſes, ſans contenir intérieurement des globules ſpathiques.

Je crois, ainſi que je viens de l'écrire au Révérend Père Ducros, avoir reconnu la cauſe de leur mépriſe. On connoît depuis long-temps dans le Drac une pierre noire parſemée de globules de ſpath, à laquelle les Naturaliſtes ont donné le nom de variolite du Drac, & qu'ils ont rangée dans le genre des pierres de corne. Le Révérend Père Ducros reçut une de mes lettres avant ſon voyage, dans laquelle je lui diſois que cette prétendue variolite étoit une pierre volcaniſée, dont j'avois trouvé la matrice au volcan éteint de Drouveire (1).

---

(1) On vient de m'écrire que **M.** de Barral a publié dernièrement un Ouvrage ſur l'Hiſt. Nat. de la Corſe, où

Cela lui fuffit, ainfi qu'à MM. Villars & Delière, pour douter de l'exiftence du volcan
éteint que j'annonçois. Ils fe rendirent à la
vérité fur les lieux, y apperçurent très-bien
tous les caractères d'un ancien volcan ; mais
accoutumés à regarder la variolité du Drac
comme une pierre de corne, ils ne purent fe
réfoudre à voir le produit du feu dans une
montagne où cette pierre fe trouvoit en
maffe, & aimèrent mieux ne pas croire à
l'exiftence du volcan.

Je m'attendois à ces doutes de la part de
tous ceux qui avoient pris la variolite noire
du Drac pour une pierre de corne : auffi n'ai-
je point été furpris d'apprendre que MM. Faujas de Saint-Fond & Romé de l'Ifle étoient
de l'avis des Naturaliftes de Grenoble. L'autorité de ces deux excellens Lithologiftes me
fuffiroit dans d'autres circonftances pour me
faire abandonner mon opinion en fait de claf-
fification de pierres ; mais comme ils ne jugent
que fur quelques échantillons, tandis que j'ai
vu les lieux d'où ces échantillons ont été tirés,
& comme je penfe que la variolite noire du
Drac qu'ils ont prife pour une pierre de corne,

---

il dit dans une note que la variolite du Drac eft volcanique.

est un produit du feu, j'espère qu'ils me permettront de ne me rendre à leur avis qu'après qu'ils l'auront motivé, & qu'ils auront assigné des caractères moins équivoques que la simple cassure. Ils savent mieux que moi qu'il n'y a aucune différence entre la cassure de certains schorls argileux & de certaines laves.

N°. I I.

Résumé des preuves qui indiquent un volcan éteint dans les Alpes du Dauphiné.

« Les principaux caractères du basalte, dit
» M. Desmarets (1), sont un grain ordinaire-
» ment assez fin, parsemé de quelques points
» brillans, vitreux; de couleur tantôt noirâtre,
» tantôt d'un gris cendré, ordinairement assez
» dur pour faire feu avec l'acier: fort souvent
» elle ne se laisse pas entamer par les outils les
» mieux trempés; elle prend un poli dont la
» beauté dépend de la finesse de son grain &
» de sa dureté ».

La pierre de Drouveire, & quelques variolites noires du Drac, ont le grain assez fin,

---

(1) Mém. de l'Ac. des Sciences de Paris, ann. 1770, p. 786.

parfémé de quelques points brillans, vitreux ; elles font très-noires, font feu lorfqu'on les frappe avec l'acier : il y en a de très-dures, qui prennent un beau poli.

« J'entends par le mot de bafalte, dit
» M. Faujas de Saint-Fond (1), une fubftance
» volcanique noire, quelquefois grife & un
» peu verdâtre, inattaquable aux acides, fufi-
» ble fans addition, donnant, quand elle eft
» pure & non altérée, quelques étincelles
» lorfqu'on la frappe avec l'acier trempé, fuf-
» ceptible de poli, & devenant alors une des
» meilleures pierres de touche ».

La pierre de Drouveire & les variolites noires du Drac font feu avec le briquet, font fufibles fans addition, font inattaquables aux acides qu'on verfe deffus & deviennent lorfqu'elles font polies, de très-bonne pierres-de-touche.

Il femble d'après cela qu'on pourroit con-clurre que les pierres des montagnes de Drou-veire, & par conféquent la variolite noire du Drac qui s'en eft détachée, font des bafaltes, & par conféquent des produits volcaniques : mais quelque raifonnable que parût d'abord

____

(1) Recherches fur les Volcans éteints du Vivarais, &c. page 167.

cette conclufion , elle feroit hazardée & pourroit être fauffe.

Il exifte un genre de pierre auquel Wallérius a donné le nom de *lapis corneus*, pierre
de corne, qui a les mêmes apparences que
certains bafaltes & qui donne les mêmes produits chimiques.

De-là vient que M. Sage , en examinant les
pierres , abftraction faite de fon origine , &
en ne les confidérant que chimiquement, a
rangé, avec raifon, les bafaltes prifmatiques &
le bafalte feuilleté trouvé par M. Pazumot
dans les volcans éteints de l'Auvergne, avec
les fchorls & avec le trapp , qui eft une des
pierres de corne de Wallérius.

Cette reffemblance entre certaines pierres
de corne & certains bafaltes eft fi grande,
que M. Bergman a dit (1) « que fi on exa-
» mine les principes & la compofition du
» bafalte on trouve tant d'analogie entre le
» bafalte, & la pierre de corne que les Sué-
» dois appellent trapp , que leur différence
» s'évanouit prefque entièrement ».

M. Defmarets , qui a fi bien étudié les volcans & leurs produits , n'a pas craint de s'ex-

____

(1) Elémens de Chimie, par M. Sage , article *Schorl.*

primer en ces termes (1) : « Je l'ai dit & je
» le répète, j'ai beaucoup vu de maffes ifolées
» de bafaltes ; & j'avoue que fi j'avois été
» réduit à ces maffes dans mes obfervations,
» je n'aurois pu décider que le bafalte fût une
» lave ».

L'efpèce d'identité qu'il y a entre un échantillon de certaines pierres de corne & de certains bafaltes, & le peu de netteté dans les
idées de plufieurs Nomenclateurs, a été la
caufe d'un grand nombre d'erreurs commifes
par de très-habiles Naturaliftes. Je vais en citer
quelques exemples.

Pott a confondu les bafaltes prifmatiques de
ftolpe qu'il a analyfés avec l'ardoife argileufe,
avec la pierre-de-touche (2).

Wallérius, dans la première édition de fa
Minéralogie, avoit placé les bafaltes prifmatiques avec les pierres de corne ; & dans fa
dernière édition imprimée en 1778, il ne les
reconnoît pas encore pour des produits volcaniques.

M. le Baron d'Holbac, qui a fait connoître
aux François d'excellens Ouvrages Minéralo-

______

(1) Mémoire cité, page 736.
(2) Lithogéognofie, t. 2, p. 319.

giques , écrits dans une langue étrangère , a pris pour une lave le *corneus fiffilis durior* de Wallérius (1).

M. Faujas de Saint-Fond a préfumé que le trapp des Suédois étoit un produit de volcan (2).

M. Poetzch a regardé le pochftein des Allemands, qui eft la ftéatite des Anciens, comme un produit volcanique (3).

M. Valmont de Bomare a rangé les bafaltes prifmatiques avec les pierres ollaires & les ftéatites.

Enfin , M. Colini a auffi regardé le trapp des Suédois comme un produit du feu.

Mais, dira-t-on, n'y a-t-il point de moyen de diftinguer les produits du feu des produits de l'eau, & de ne pas confondre les laves avec les pierres de corne , avec les ftéatites ? Je répondrai que ce moyen exifte. M. Defmarets a été le premier à le connoître & à s'en fervir; il confifte à examiner la nature en grand & fur les lieux; à voir, fi je puis m'exprimer ainfi, les matrices des échantillons , afin d'étudier les circonftances de leur pofition dans les mon-

---

(1) Minéralogie de Wallérius , Edit. Françoife.
(2) Recherches fur les volcans , &c. p. 56 , &c.
(3) Confidérations fur les volcans, p. 76 , &c.

tagnes qui les contiennent. C'eſt en détermi-
nant leur origine, qu'on reconnoîtra leur nature.

Pour n'avoir pas pris cette marche, on a
beaucoup diſputé ſur la nature de certaines
pierres. Wallérius & beaucoup d'autres qui
n'ont vu des pierres de corne que dans des
montagnes formées par l'eau, prennent toutes
les pierres qui leur reſſemblent extérieurement
& qui donnent les mêmes réſultats à l'analyſe,
telles que les baſaltes, pour les produits de
l'eau, les Naturaliſtes au contraire, qui ont vu
les baſaltes dans des montagnes volcaniques,
qui n'ont jamais vu de pierre de corne dans
les montagnes formées par l'eau, regardent
le trapp & certaines ſtéatites comme le produit du feu.

M. Guettard, dont les Naturaliſtees n'ou-
blieront jamais les immenſes travaux, a ſou-
tenu long-temps que les baſaltes priſmatiques
n'étoient pas le produit du feu ; il raiſonnoit
conſéquemment, & quoiqu'il ſe trompât, ſon
erreur étoit le réſultat néceſſaire de ce qu'il
avoit vu. Les grandes vérités en Hiſtoire Naturelle ne ſont guères autre choſe que les
conſéquences les mieux déduites de pluſieurs
faits connus & avérés. Mais lorſque la nature
de ces faits ne nous prouve pas la non-exiſ-

tence

tence de faits contraires & inconnus, notre certitude n'eft pas complette. M. Defmarets ayant
trouvé les bafaltes prifmatiques parmi les produits des volcans, tous les Voyageurs, après
lui, ayant fait la même obfervation, les bafaltes prifmatiques ont été regardés avec raifon
comme les produits du feu, & il faudra les
prendre pour tels jufqu'à ce qu'on trouve de-
bafaltes prifmatiques, loin des volcans, mêlés
avec les produits de l'eau; ce qui n'eft pas démontré impoffible, mais qui n'eft pas vraifemblable.

Il fuit de là, que dans l'état actuel de nos
connoiffances en lithologie & en chimie, il n'y a
aucun moyen de diftinguer fi telle pierre qu'on
voit loin de fa matrice, eft une roche de corne
ou une lave compacte; fi elle doit fon origine
au feu ou à l'eau : auffi M. de Sauffure a-t-il
cru devoir ranger certains cailloux roulés qu'il
a trouvés dans les environs de Genève, parmi
les efpèces douteufes, ne pouvant décider, ni
à l'afpect extérieur, ni à l'infpection de la caffure, ni par l'analyfe chimique, s'ils étoient
des roches de corne ou des produits de
volcan.

On doit remarquer ici que les Naturaliftes
obfervateurs ont, dans certains cas, beaucoup
d'avantge fur les Naturaliftes nomenclateurs,
& même fur les Chimiftes, pour donner à une

pierre fa véritable dénomination. Cela arrive toutes les fois que des caufes très-différentes dans leur nature produifent cependant des effets femblables.

Lorfque j'ai trouvé des pierres volcaniformes parmi les fchiftes de Normandie , de Bretagne , du Lyonnois , du Dauphiné , de la Provence , de la Suiffe & du Piémont , je les ai placées avec les pierres de corne. J'en ai une très-belle fuite dans mon cabinet. Mais lorfque j'en ai trouvé , comme à Drouveire , dans une montagne où l'on reconnoiffoit des traces de volcans , j'ai cru devoir les ranger avec les produits volcaniques.

Un des moyens de prouver que les pierres qu'on a très-bien nommées *volcaniformes*, ne font pas le produit du feu, feroit de trouver des caractères diftinctifs entre certaines pierres de corne & certaines pierres volcanifées. Jufqu'à préfent, comme nous venons de le voir , il n'y en a point ni pour le Lithologifte , ni pour le Chimifte. Peut-être en reconnoîtra-t-on un jour, & les progrès immenfes des Sciences, dus aux travaux multipliés de MM. Guettard, Defmarets, Bergman, Faujas, Romé de l'Ifle , Monet, Sage, d'Arcet, de Luc, de Sauffure, Daubenton, &c., femblent nous le faire efpérer : mais comme dans les livres les plus modernes on

ne nous a point donné ces caractères, & que
je ne les ai pas trouvés, il me femble que j'ai
eu raifon de ne voir aucune différence entre
les variolites noires du Drac, & certaines laves.
Si je n'avois examiné que ces variolites, fi
je ne les avois pas trouvées mélées dans le
Drac avec des produits volcaniques, fi je
n'étois pas remonté à leur matrice , je les
aurois placées au nombre des pierres douteufes.

En examinant la montagne de Drouveire,
fource des variolites du Drac, j'y ai vu plutôt
un produit du feu qu'un produit de l'eau.
— Pierres poreufes à la furface , & compactes
dans leur intérieur ; — pierres poreufes intérieurement & extérieurement; — pierres poreufes contenant du fpath , & d'autres qui n'en
contiennent point ; — pores qui ne communiquent point entre eux, tandis que ceux des tufs
produits de l'eau, rentrent tous les uns dans les
autres; — maffes énormes de pierre noire, ayant
la couleur, la dureté & tous les autres caractères
extérieurs & chimiques du bafalte ; — quelques fragmens de ces pierres qui paroiffent
avoir appartenu à des bafaltes prifmatiques ;
— paffage de cette pierre à l'état d'argile.
— Un cratère encore fubfiftant;—fources d'eau
abondantes, comme dans tous les volcans éteints;

— pierre de corne d'un côté, pierre calcaire de l'autre, & dans le milieu, pierre comme fondue, & laissant reparoître, sous forme de spath, la pierre calcaire voisine, entrée comme fondant; — pierres énormes déplacées, renversement des couches, bouleversement de toute la montagne. — Voilà en gros sur quoi porte ma découverte ou ma méprise.

Je souhaite qu'il n'y ait point là de volcan; car le phénomène, plus extraordinaire, deviendra bien plus instructif. On a trouvé beaucoup de volcans éteints en France, tandis que si la montagne que je décris n'est pas volcanique, elle est la première de ce genre qu'on connoisse. Si on découvre qu'elle n'est pas le produit du feu, malgré les caractères qu'elle offre, il seroit possible qu'on revînt sur l'origine de plusieurs montagnes qu'on a crues volcaniques, comme par exemple, sur le basalte qu'on voit à Villeneuve-de Berg en Vivarais, qui est entremêlé avec des couches de pierre calcaire (1), où ce basalte, décrit par M. Faujas, & si ressemblant à une espèce qu'on trouve à Drouveire à la prétendue variolite du Drac. D'après la description qu'en a donnée ce Lithologiste, « c'est un basalte noir, très-dur » & des plus compactes, à grains fins, serrés &

_____

(1) Recherches sur les volcans éteints, &c. p. 162.

» homogènes , renfermant différens noyaux
» de différentes formes & groſſeurs, dont plu-
» ſieurs ont cependant juſqu'à onze lignes de
» diamètre , d'un beau ſpath calcaire, blanc
» criſtallin , & demi-tranſparent, encaſtré dans
» l'intérieur du baſalte ; morceau, ajoute-t-il,
» des plus rares & des plus ſinguliers. On ne
» trouve , continue-t-il , dans tout le Viva-
» rais qu'un ſeul bloc iſolé de baſalte qui
» préſente ce curieux accident (1) ».

Au reſte , quoique je ſois familiariſé avec
les volcans éteints & leurs produits , pour
mieux connoître encore celui du Dauphiné ,
je ne quitterai pas l'Italie ſans voir & étudier
le Véſuve. Peut-être qu'avant mon retour, les
Naturaliſtes nomenclateurs , qui contribuent
beaucoup plus qu'on ne croit aux progrès
des Sciences naturelles , auront trouvé , de
concert avec les Chimiſtes , des caractères
diſtinctifs entre certaines pierres de corne &
certaines laves ; peut-être auſſi les Naturaliſtes
de Grenoble découvriront-ils, par l'étude ſuivie
de la montagne que j'ai fait connoître , que
toutes ces apparences du feu ſont dues à l'eau,
ou la regarderont-ils , ainſi que je la regarde ,

____

(1) Recherches ſur les vol. p. 162.

encore, comme le produit du feu. La Science gagnera toujours à l'examen de ces queſtions, & je m'applaudirai de mon erreur, en cas que je l'aye commiſe, ſi elle engage les Savans à traiter un ſujet aſſez neuf, & où il y a bien des découvertes à faire.

Un voyage que j'ai fait dans les alpes du Piémont & de la Suiſſe ayant retardé la publication de ce Mémoire, M. d'Antic m'én a envoyé un à Turin de la part de M. Faujas de St. Fond, pour être imprimé à la ſuite du mien.

Le Mémoire de M. Faujas a pour objet, 1º. de donner une nomenclature exacte de toutes les variétés de trapp qu'on connoît; 2º. d'aſſigner des caracteres diſtinctifs entre le trapp & le baſalte volcanique ; 3º. de prouver que les pierres de Drouveire ſont de véritables trapps, & non des produits de volcan.

On ne trouve dans aucun ouvrage de Lithologie, des détails auſſi intéreſſans ſur les différentes ſortes de trapp, que ceux donnés par M. Faujas dans ſon Mémoire ; mais ce Savant n'a pas, il me ſemble, découvert des différences affez tranchantes entre certain trapp & certain bafalte, pour pouvoir diftinguer l'un de l'autre, lorfqu'on n'examine que des échantillons. Il n'a donc pas pu décider s'il y a ou non un volcan éteint à la montagne de Drouveire, qu'il n'a point encore vifitée. Je prie les Naturaliftes, & M. Faujas lui-même, de lire avec quelque attention les notes que je vais joindre à fon Mémoire, & de prononcer enfuite fur l'objet en queftion.

DESCRIPTION

Des véritables trapps, trapas des Suédois, fchiftes cornés des Allemands ; par M. FAUJAS DE S. FOND.

LA partie de la Suède où les premiers trapps ont été connus & décrits par MM. Cronfted, Wallerius & Linné, eft fur la montagne de Humberg, dans la Weftrogotie.

Ce trapp eft le *faxum compofitum jafpide-martiali molli feu argilla martialis indurata*: Cronfted, n. 267, page 273 de l'édition fué-doife ; car la françoife ne vaut abfolument rien.

C'eſt le *corneus trapezius vallerii*. Specimen 172, tom. 1, pag. 361, édition de 1779.

Le *corneus trapezius, niger ſolidus, lapis lydius ſubtiliſſimis & vix compicuis conſtat particulis eleganti atro colore, polituram ſuſcipit pulchram*.

On le trouve, 1°. à *Salberg*, à *Weſtſilfaberſet* en Weſtmanie, à *Hebonlefw*, à *Hunnberg* & *Hogkullen*, à *Kinnekulle* en Weſtrogothie, à *Norberg*. Vall. pag. 360, tom. 1, édit. de 1782.

Le trapp ſe trouve en filon, en roche, en pic, avec des fiſſures verticales ; la ſommité des montagnes qui en ſont compoſées, eſt tantôt diſpoſée en cône, comme à *Kinnekulle*, tantôt en plateau, ſur quelques-uns deſquels il y a des lacs comme à *Hunnberg*. Ces filons coupent en divers ſens des montagnes ou mines, qui ſont tantôt granitiques, tantôt ſchiſteuſes micacées, & quelquefois compoſées de pierre calcaire antique à grain ſalin, comme à *Salberg*. Ces filons ſont plus ou moins épais, depuis un pouce juſqu'à pluſieurs toiſes.

C'eſt dans les grands filons qu'on trouve plus particuliérement le trapp diviſé en feuillets par l'effet de l'air & du froid ; ce qui lui a fait donner le nom de *trapp* ou *trapps*, qui ſignifie eſcalier.

Les Allemands ont une pierre ſemblable,

également en filon, dans les montagnes pri-
mitives, & ils la nomment *wakk*; on la trouve
à *Kerenfiedersdorfet*, à *Annaberg* en Saxe, à
Joachimflal en Bohème.

Il faut obferver auffi que les Suédois nomment également *trapp* la bafe de certaines
pierres qui ont une pâte de nature analogue
à celle du véritable *trapp*, quoique différente
néanmoins par la couleur; & ces trapps, ou
plutôt ces pierres à bafe de trapp, contiennent, tantôt du *feldspath*, du *mica*, du *fchorl-
fpatique hornblend*, du *grenat jaunâtre*, du *fchorl
vert en grain*, du *fpath calcaire* en grain. On
trouve quelquefois auffi dans la maffe même
du trapp, des maffes entieres qui ne font
compofées que de fchorl fpatique noir, d'autres fois de grenats jaunâtres groffiers.

Tous ces renfeignemens très-inftructifs m'ont
été communiqués à Paris par M. *de Lugart*,
très-habile Naturalifte Efpagnol, qui arrivoit
de Weftrogotie, & qui eut la bonté de me
donner une fuite d'échantillons de tous les
trapps qu'il avoit recüeillis lui-même fur les
lieux.

Comme j'ai porté une attention fcrupuleufe
à leur examen, & que je les ai obfervés avec
M. *de Romé de Lile*, M. le Chevalier *de Bournon*,
M. *Hebenftreit* de Leypfick, M. *Grofchke* de

Riga, M.^r le Marquis *de Clastiglioni* de Milan, M. *Sciameling*, M. *de la Metherie*, dans une féance particulière tenue chez moi : je vais en donner ici la note, & les rapprocher de plu- fieurs pierres analogues que l'on trouve dans les Alpes (1) & ailleurs.

§.

N°. 1. Trapp homogène, compacte, pefant,

---

(1) On n'avoit point encore trouvé du trapp dans les Alpes ; je prends pour garant de cette affertion, M. de Sauffure, qui s'exprime ainfi dans fon *Voyage dans les Alpes*, tom. 1er., pag. 76. « L'efpèce de pierre de corne » la plus remarquable, & qui diffère le plus évidemment » de tous les autres genres de pierre, je veux dire le » trapp des Suédois, n'a point encore été trouvée en » France, de même qu'elle ne l'a pas été dans nos mon- » tagnes ».

Si la pierre que j'ai trouvée à Drouveire eft un trapp, ce fera la première qu'on ait trouvée dans l'Europe méridionale : mais elle ne fera pas la feule ; car j'en ai trouvé une autre le mois paffé (Septembre 1784) dans les Alpes de la Suiffe, près du lac de Lugano : je compte la décrire dans un Mémoire particulier. J'ai auffi trouvé, en 1781, des couches de trapp dans une île, aux envi- rons de Saint-Malo, alternant avec des couches de granit. Ce fait prouve que le trapp eft auffi ancien que le granit. Il eft vrai qu'on a entièrement méconnu l'origine de toutes ces pierres, qu'on a fauffement appelées primi- tives, comme j'ai promis de le *démontrer*.

faisant feu avec le briquet, inattaquable aux
acides, d'un noir de gris-de-fer foncé, semblable à celui du basalte prismatique, attirable à l'aimant, offrant dans la cassure quelques petits points de pyrite jaune & des molécules écailleuses, d'une grande densité, lui-
santes comme le mica, mais qui, examinées
avec une forte loupe, ne paroissent être que
des molécules irrégulières de feldspath blanc
interposées dans la texture de la pierre. Il y
a certaines faces de cette pierre où ces lames
sont plus grandes & plus abondantes.

Ce trapp est si ressemblant au basalte volcanique, que, si on ne l'examinoit pas avec
attention & avec des yeux exercés, on les
confondroit ensemble; mais il en diffère:

1°. Par la position locale des matières (1),
n'existant dans la partie de la Vestrogotie, où
sont ces trapps, aucune trace de volcan:

2°. Par les points pyriteux, qui ne sont
pas dans le basalte ordinaire (2):

---

(1) La position locale des matières est vraiment un caractère distinctif, & jusqu'à présent le seul, comme je
l'ai dit dans mon Mémoire.

(2) Il y a des basaltes avec des points pyriteux. M. Her-
bett en cite de pareils qui ont été trouvés dans le *monte
Narro*, le *monte Trisa*: le *monte Castello di Pieve*; dans

3°. Par l'absence absolue du schorl en aiguille ou en cristaux, qui est dans presque tous les basaltes (1);

4°. Par la dureté, qui diffère un peu de celle du basalte (2);

5°. Par une légère différence que le tact indique; car, en touchant alternativement l'une & l'autre de ces pierres, l'on sent que le basalte est plus sec, plus âpre, plus raboteux (3), le trapp ayant quelque chose d'un peu plus

---

le *Vicentin*. Il y a aussi des trapps sans pyrites, comme M. Faujas en convient; les points pyriteux dans le trapp ne sauroient donc être regardés comme un caractère distinctif.

(1) Le schorl en aiguille n'existant pas dans tous les basaltes, l'absence de ce schorl dans le trapp n'est point un caractère distinctif.

(2) Si on compare le basalte le plus dur avec le trapp, on trouvera le basalte un peu plus dur que le trapp, mais il y a des basaltes qui ne sont pas plus durs que lui, & d'autres qui le sont moins; la différence de dureté entre certains trapps & certaines laves basaltiques, n'est donc pas un caractère distinctif.

(3) Ce n'est que le basalte le plus dur qui est au tact plus âpre & plus raboteux que le trapp, & qui oppose plus de résistance que lui à un instrument tranchant qu'on passe dessus. Ces différences n'ont pas lieu lorsqu'on compare les trapps avec des laves basaltiques moins dures.

doux, d'un peu plus rapproché des stéatites dures de l'*argilla martialis indurata.*

Il faut observer encore que, lorsqu'on appuie un instrument d'acier tranchant sur le trapp & sur le basalte, le son ou l'espèce de cri qui en résulte, est semblable à celui que produiroit dans pareille circonstance une matière vitrifiée, un verre grossier, un laitier, tandis que celui du trapp est pareil à celui qui partiroit d'une pierre argileuse, très-dure, le bruit étant plus sourd, moins aigu, plus concentré.

Ce trapp que je viens de décrire, vient de Humberg en Vestrogothie. Il a été tiré du plus grand filon, où ce trapp est disposé en table. Il existe un basalte noir, antique, dont les Égyptiens fesoient des statues d'un trapp absolument semblable & attirable à l'aimant. J'en ai un fragment détaché d'une statue antique.

N°. 2. Même trapp dont une des faces est un peu décomposée, & offre une croûte argileuse d'un gris jaunâtre, qui exhale une odeur argileuse lorsqu'on souffle dessus. Du même lieu.

N°. 3. Même trapp en roche, sans pyrites, d'une couleur, d'une dureté & d'un grain semblable à la variété première, le grain étant seulement un peu plus fin, mais différent du trapp de Veftrogothie, en ce qu'il n'eft point attirable à l'aimant. Celui-ci vient de Johann-fcorfenftadt, où il eft connu fous le nom de fchifte corné, *horn fchifte* des Allemands; je l'ai étudié fur un échantillon envoyé à M. de Romé de l'Ifle par le Baron d'Heinitz en 1777. *Cabinet de M. de Romé de l'Ifle.*

N°. 4. Pierre noire, compacte & pefante, trapp ayant abfolument la même apparence bafaltique que le trapp n°. 1, le grain étant un peu plus fin, mais difpofé de la même manière, fans point pyriteux, & diffère du n°. 1, en ce qu'il eft beaucoup plus tendre, plus argileux, ne donne aucune étincelle avec l'acier, exhale une odeur un peu terreufe lorfqu'on fouffle deffus, & n'eft point attirable. Cette pierre, fi elle étoit un peu plus dure, feroit la véritable pierre de touche à grain très-fin des Orfévres.

Cet échantillon vient de Sahlberg & exifte dans le Cabinet de M. Romé de l'Ifle; il a été envoyé du pays même fous le nom de *roche de corne dure non luifante.*

N°. 5. Autre pierre noire bafaltiforme, pefante, à grain auffi fin que la précédente, mais du noir le plus foncé dans fa caffure, qui eſt parſemée de très-petites écailles , qui, au lieu d'être blanches, ſont d'un noir luiſant très-foncé; examinées à la loupe, on n'y diſtingue pas un atome de feldſpath lamelleux , mais bien de petites écailles qui paroiſſent formées par des élémens ſchorliques noirs en lame. Les faces extérieures ſont luiſantes & diſpoſées comme la ſtéatite fibreuſe ; elles ſont douces au toucher , mais les parties luiſantes ne ſont pas dans les caſſures vives ; on ne les trouve que ſur la ſuperficie de certains morceaux. Cette pierre eſt fortement attirable à l'aimant , & contient pluſieurs points de pyrite cuivreux ; elle ne donne aucune étincelle avec le briquet ; elle vient de Locfaſen , Paroiſſe de Schewi dans la Dalecarlie , & elle a été envoyée ſous le nom de roche de corne dure , noire & luiſante. *Cabinet de M. Romé de l'Iſle.*

N°. 6. Pierre baſaltiforme , d'un noir verdâtre , compacte, peſante , homogène, dure, faiſant feu avec l'acier , à grain fin , mais ſec & raboteux, fortement attirable à l'aimant, d'une pâte formée par des élémens lamelleux luiſans , qui paroiſſent être quartzeux , interpoſés dans une pâte noire de nature argileuſe; une des faces entières de cet échantillon eſt entièrement couverte d'un ſchorl verdâtre,

ſpathique , dur , lamelleux , auſſi attirable à
l'aimant , très-étroitement uni avec la pierre,
ſur laquelle il eſt adhérent. Cette variété de
pierre baſaltiforme reſſemble au baſalte volcanique , verdâtre , antique , de manière à s'y
tromper , quoiqu'elle ne ſoit certainement pas
le produit du feu (1). Cette belle variété vient
de l'Iſle d'Utoc ſur les côtes de Sudermanie ,
elle a été envoyée ſous le nom de roche de
corne criſtalliſée verte , ſur une pierre de
roche micacée gris - de - fer. *Cabinet de M. de
l'Iſle.*

§. I I.

*Roches compoſées , ou roches glanduleuſes à baſe de
trapp , c'eſt-à-dire , dont la pâte eſt analogue
aux variétés ci-deſſus décrites.*

N°. 7. Roche glanduleuſe , d'un noir un
peu violâtre , dure , faiſant feu avec le briquet, attirable à l'aimant ; en un mot, d'un
grain & d'une pâte abſolument ſemblables au
trapp n°. 1 ; lardée de noyaux de ſpath cal-

---

(1) Je voudrois ſavoir les raiſons pour leſquelles
M. Faujas aſſure que cette variété n'eſt pas le produit
du feu , en avouant qu'elle reſſemble au baſalte volcanique , *de manière à s'y tromper* , & en n'aſſignant aucun
caractère diſtinctif entre elle & le baſalte volcanique.

caire

caire blanc , & quelquefois rougeâtre , du moins dans quelques échantillons , avec de petits nœuds de ferpentine terreufe verte , ainfi que l'a très-bien obfervé M. Cronftedt.

Cette pierre peut être placée dans la claffe des amigdaloïdes de Cronftedt ; elle vient de Gulloen en Norvège , & a été prife par M. de Luyart dans le même endroit où Cronftedt a trouvé fon amigdaloïde. §. 268 , variété *A*, édit. de Suède.

N°. 8. Roche glanduleufe de la variété précédente. Quant à la bafe, qui eft d'un noir un peu plus violâtre, lardé de toutes parts de lames épaiffes & de grains irréguliers de feldfpath blanc & luifant , quelques-unes de ces lames & de ces grains tirent au rofe. Cet échantillon contient auffi des globules ronds de ftéatite verte , tendre & douce au toucher , encaftrés dans la matière qui n'eft point attirable à l'aimant , non plus que cette ftéatite.

Cette roche vient de Sualeryd , à un mille & demi de Tomberg en Norvège , prife fur les lieux par M. de Luyart. *Cabinet de M. Faujas.* C'eft le *lapis amigdaloïdes faxum bafi jafpidea martiali cum fragmentis fpathi calcarei & ferpentini figura eliptica.* §. 268.

F

Nº. 9. Roche glanduleufe à bafe de trapp à grain noir , très-dur & très-fin , faifant feu avec le briquet, attirable à l'aimant, reffemblant au bafalte volcanique le plus pur, mais un peu plus doux au toucher ; cette pierre eft lardée de fragmens irréguliers & de lames affez grandes & très-brillantes de feldfpath blanc , fans ftéatite. Du même lieu que l'échantillon, nº. 8.

Nº. 10. Roche glanduleufe à fond violet , & qui paroît être à bafe de trapp ; car la couleur, qui n'eft qu'une modification du fer, n'influe en rien fur la compofition de la pierre. Celle-ci n'eft point attirable à l'aimant , ne fait aucune effervefcence avec les acides, & eft lardée de toute part & en grande abondance d'éclats lamelleux & irréguliers de feldfpath blanc. La bafe de cette pierre ne donne aucune étincelle avec l'acier ; mais lorfqu'on frappe avec le briquet fur les grains de feldfpath , il en fort du feu. Cette pierre eft défignée dans l'étiquette de M. de Luyart, fous la dénomination fuivante : *roche porphirique à bafe de trapp, avec feldfpath , à une lieue de Saaleryd* en Norvège. Cab. de M. de Faujas.

Nº. 11. Roche compofée, formée de feldfpath, jaunâtre, en écailles luifantes, en éclats irrégu-

liers, en nœuds elliptiques, affez gros, imitant par leurs caffures la tranche d'une amande ;
ce qui a fait donner à cette pierre le nom
d'*amigdaloïdes*, par M. Cronftedt. La pâte de
celle-ci eft à bafe de trapp rougeâtre. L'on
trouve dans cet échantillon, outre le feldfpath, qui y eft très-abondant, quelques grains
de fpath calcaire blanc. M. Cronftedt fait au
fujet de cette roche à bafe de trapp, une
obfervation qu'il eft effentiel de rapporter ici.

« Cette roche (la 268 de cet Auteur) a
» un caractère particulier. Elle eft, dit cet
» habile Minéralogifte, attirable à l'aimant en
» la grillant, & tombe affez facilement en
» efflorefcence à l'air ».

Elle vient des environs de *Saulorgd*, à un
mille & demi de *Tonfberg* en Norvège.

N° 12. Roche porphirique amigdaloïde à
bafe de trapp, d'un gris foncé, lardée d'une
multitude de groffes amandes de feldfpath,
d'un blanc fale. La bafe de cette pierre, dont
le grain eft fec, ne fait point mouvoir le barreau aimanté : l'on y voit quelques points de
ftéatite noirâtre. Cette roche exhale une forte
odeur terreufe en foufflant deffus. De *Saulorgd* à un mille & demi de *Tonfberg* en Norvège.

F 2

N°. 13. Roche amigdaloïde du même lieu & de la même espèce que la précédente, différent seulement par la couleur plus foncée & plus vive, & par le grain qui est mieux conservé & plus sain : aussi fait-il mouvoir un peu le barreau aimanté, ne donne point d'étincelles avec l'acier, excepté qu'on ne frappe les amandes de feldspath, & exhale une odeur terreuse.

§. I I I.

Examen des pierres de la montagne de Drouveire dans le Champsaur, regardées par M. le Chevalier de Lamanon comme de véritables laves.

La plupart des pierres que je viens de décrire, & qu'on pourroit nommer *basaltiformes*, ont une ressemblance si étonnante avec la lave basaltique, que si on n'apporte pas une attention très-minutieuse & très-sévère à leur examen, & si on n'a pas été à portée de voir & d'étudier une multitude d'échantillons de ces pierres, on ne sauroit les distinguer des véritables produits des volcans (1).

______

(1) Cela est si vrai, que lorsque M. Faujas écrivoit *ses Recherches sur les volcans éteints du Vivarais & du Velai*, il regardoit lui-même le trapp des Suédois comme un produit du feu. Il est à présumer (dit-il, page 56)

Il faut convenir que les pierres à bafe de trapp de la montagne de Drouveire, dont les noyaux de fpath calcaire qui y étoient contenus en grande abondance, font détruits, reffemblent fi fort à une lave poreufe, lorfqu'on trouve cette variété ifolée, que, voyageant moi-même en 1773 en Dauphiné avec M. Guettard, & trouvant cette pierre dans le lit du Drac, je la pris d'abord pour une lave : mais en ayant rompu plufieurs morceaux dans lefquels je retrouvai le fpath calcaire, je reconnus que c'étoit la deftruction de ces noyaux qui occafionnoit les cellules (1) ; &

» que le trapp des Suédois eft volcanique comme le bafalte feuilleté, trouvé en Auvergne par M. Pafumot ».

Lorfque j'ai vifité la montagne de Drouveire, je ne connoiffois le trapp des Suédois que par la defcription qu'en donnent les Auteurs, & par trois échantillons qui fe trouvent parmi trente-fix variétés de pierre de corne, dans le beau cabinet de M. Sage. Si la pierre de Drouveire eft un trapp, on n'en a point encore trouvé ailleurs qui foit poreux comme celui-là ; ce qui augmenteroit fa reffemblance avec les laves.

(1) Quand même les cellules de ces pierres feroient dues à la décompofition du fpath, il me femble qu'on ne peut en conclure que ces pierres ne font pas des laves, puifqu'il y a des laves qui font auffi lardées de globules de fpath avec des cellules à la furface. J'en ai dans mon

ayant obfervé plufieurs de ces pierres dans le Champfaur même (1), je fus bien éloigné de les regarder comme volcanifées.

Variété A. Trapp compacte, homogène, attirable à l'aimant, d'un noir gris-de-fer foncé, donnant quelques étincelles avec l'acier, fe rapporte au véritable trapp des Suédois, décrit au n°. 1er., & n'en diffère que par les points pyriteux qui n'exiftent pas dans le trapp de cet échantillon de *Drouveire*, tout comme il arrive auffi que les points de pyrite cuivreux ne font pas dans tous les trapps de Suède.

Cet échantillon fe rapporte à la variété VIII, page 10 du Mémoire de M. le Chevalier de Lamanon (2).

---

cabinet, tirées des volcans éteints de Beaulieu & Fréjus en Provence.

(1) Je ne fais pas pourquoi M. Faujas ne regarda pas les variolites du Drac comme volcanifées, puifqu'il affure aujourd'hui que la pâte de ces pierres eft un véritable trapp, & qu'il regardoit alors, *voyez la note* 1, le trap comme volcanifé.

Lorfque M. Faujas dit qu'il vit plufieurs de ces pierres dans le Champfaur, il parle de ces pierres *roulées par le Drac.* Perfonne ne les connoiffoit en maffe dans la montagne de Drouveire avant mon voyage, & on ne favoit de quel endroit elles étoient venues dans le Drac.

(2) L'Auteur affure, fans en donner des preuves, que

Variété B. Trapp compacte, d'un noir tirant fur le violâtre, un peu attirable à l'aimant, enfermant dans quelques parties une multitude de très-petits grains irréguliers, ou plutôt des points très-délicats & très-multipliés, de feldfpath, d'un blanc terne, de la montagne de la Drouveire. . . . . *de M. de Lamanon.*

Variété C. Roche compofée à bafe de trapp noir, roche *amigdaloïde* de Cronftedt, *roche glanduleufe* de Sauffure.

Formée par une bafe pierreufe, noire, dure, faifant feu avec le briquet, lardée d'une multitude de noyaux irréguliers, plus ou moins gros, de fpath calcaire, blanc, brillant; quelques-uns de ces nœuds font quelquefois d'un fpath calcaire, tirant au rofe. Cette pierre eft un échantillon de la véritable pierre connue fous le nom impropre de variolite du Drac, excepté que celle-ci a été prife en place par

---

cette variété & toutes les fuivantes font des trapps. Lorfque je les ai regardées comme des laves, c'eft à caufe que je les ai trouvées dans une montagne où j'ai cru reconnoître des indices de volcan, fans quoi j'aurois rangé toutes ces pierres dans la claffe des produits douteux de volcan, puifqu'on n'a point encore trouvé de caractère diftinctif entre certains trapps & certaines laves.

M. de Lamanon, & que deux de ſes paremens ſont poreux par la décompoſition & deſtruction dés noyaux ſupérieurs de ſpath calcaire ; ce qui a donné à ſes parties extérieures une apparence de véritable lave poreuſe, volcanique ; mais en éxaminant la tranche de ce même échantillon où le ſpath calcaire eſt pur & intact, l'on voit bientôt l'origine des pores ſupérieurs (1).

Comme cette pierre, qui n'eſt nullement volcanique, a été très-bien obſervée par M. de

---

(1) Si les pores étoient dus à la décompoſition des ſpaths, pourquoi trouveroit-ón, à côté l'une de l'autre, deux pierres dont l'une eſt toute percillée, tandis que dans l'autre les globules de ſpath ſont en ſaillie ? comment, toutes les circonſtances étant égales, une même cauſe ne produit-elle pas les mêmes effets ? pourquoi trouve-t-on des pores dans l'intérieur, & qui ne communiquent pas avec les pores de la ſurface ? pourquoi trouve t-on de ces pierres avec des pores à la ſurface, ſans globules de ſpath dans l'intérieur ? D'ailleurs, comment ſe fait cette décompoſition des ſpaths ? & pourquoi a-t-elle lieu excluſivement dans preſque toutes les pierres d'une contrée ; car la plus grande partie des pierres de Drouveire ſont percillées, tandis qu'on n'a point encore découvert ailleurs des montagnes de trapps qui ſoient ainſi couvertes de pores ? Il faut avouer que ſi la pierre de Drouveire eſt un trapp, elle offre bien des recherches à faire aux Naturaliſtes.

Sauſſure, il eſt à propos de rapporter ici le paſſage de cet habile Naturaliſte (1).

« Son fond eſt une pierre de corne brune
» ou rougeâtre, tendre, d'un grain très-fin,
» qui prend un aſſez beau poli, & ne fait au-
» cune efferveſcence avec les acides ; ce fond
» renferme des globules gros comme des pois,
» & quelquefois des veines de ſpath blanc,
» calcaire, qui ſe diſſout en entier & avec
» efferveſcence dans les acides. On y voit
» auſſi des globules plus petits d'une ſtéatite
» brune. Cette pierre, expoſée au feu, ſe fond
» très-aiſément en un verre noir aſſez com-
» pacte, dans lequel les parties calcaires repa-
» roiſſent ſous la forme de chaux blanche,
» & les grains de ſtéatite, moins viſibles, ſe
» reconnoiſſent pourtant à leur couleur brune
» & non vitreuſe ».

---

(1) La variolite dont parle M. de Sauſſure n'eſt pas la même que celle dont il s'agit. Celle de M. de Sauſſure eſt brune ou rougeâtre, tendre, & contient des globules de ſtéatites ; celle-ci eſt très-noire, très-dure, & ſans ſtéatite. Celle de M. de Sauſſure n'eſt pas un trapp, puiſque ſelon lui on n'a point encore trouvé de trapp en France ; &, ſelon M. Faujas, cette variolite noire eſt un trapp. On ne ſauroit donc s'appuyer, dans cette occaſion, de l'autorité de M. de Sauſſure.

Variété D. Même pierre tirée du Drac &
en gallet. Le fpath calcaire a réfifté au frottement. Il eft en évidence fur toutes les faces,
& ce fpath de couleur blanche, tranchant
fur le fond noir de la pierre, imite un peu la
variolite, quoiqu'elle en diffère effentielle-
ment.

Variété E. Autre roche de la même efpèce,
mais non roulée, qui paroît prifmatique ; ce
qui peut provenir ou d'une caffure qui a produit cet accident, ou peut-être même du retrait
de la matière, lorfqu'elle s'eft formée par la
voie humide. . . . . . . *de M. le Chevalier de
Lamanon*.

Variété F. Roche à bafe de trapp verdâtre,
mêlée de beaucoup de ftéatite ; auffi exhale-
t-elle une forte odeur terreufe en foufflant
deffus. Cette pierre néanmoins eft affez dure
pour faire feu avec le briquet dans quelques
parties. Elle n'eft point attirable. Cet échantillon eft adhérent à une couche d'environ un
demi-pouce d'épaiffeur, d'une efpèce de mine
de fer décompofée, d'un rouge ocreux vif,
avec laquelle on peut tracer des lignes fur le
papier comme avec une fanguine groffière.
Cet échantillon vient de Chaillot-le-Vieil, &

se rapporte à une des variétés de M. de La-manon (1).

Variété G. Roche à base de trapp verdâtre, mêlé de noyaux de spath calcaire, ne varie que par la couleur de la pierre, & en ce que les noyaux de spath calcaire sont moins abon-dans. . . . . . . *De la montagne de Drouveire.*

Variété H. Autre roche de corne, ou roche à base de trapp, d'un gris foncé, un peu ver-dâtre, où le feldspath en petites écailles do-mine, exhale une odeur terreuse, & fait feu avec l'acier. *Du même lieu.*

Variété I. Stéatite d'un vert d'eau à grain très-fin, & doux au toucher, dure, & faisant feu avec le briquet dans quelques parties. *Du Chatelard, vallée de Champoleon.*

Variété K. Caillou roulé, espèce de gallet dont la pâte est une pierre de corne ou roche à base de trapp, très-fin, rapproché de la pierre de touche, un peu moins noire, & mélangée d'une multitude de petits points de pyrite cuivreuse.

----

(1) J'ai fait mention de cette pierre dans ma lithologie du Drac; mais sans la regarder comme un produit de volcan, non plus que les trois variétés suivantes.

<table>
<tr><td>

CONCLUSION
de M. Faujas de S. Fond.

Rien n'eft volcanique dans les pierres de Drouveire, les efpèces & les variétés en font connues , & elles font abfolument toutes étrangères au produit du feu.

A Paris, le 1ᵉʳ. *Août* 1784·

</td><td>

CONCLUSION
de M. de Lamanon.

On n'a point encore trouvé de caractères diftinctifs entre les pierres de Drouveire & certains bafaltes volcaniques.

A Turin , le 15 *Sept.* 1784·

</td></tr>
</table>

M. *Prunelle de Lierre* vient de faire paroître dans le Journal de Phyfique un Mémoire rempli de bonnes obfervations. Il ne regarde pas la pierre de Drouveire comme un trapp, ni comme une pierre volcanique. « Plufieurs » des noms admis par les Naturaliftes, dit » M. de Lierre , peuvent convenir à diffé- » rentes parties de cette pierre ; mais aucun » n'en peut donner une idée précife & com- » plette ».

Je travaille à un Mémoire fur les caractères diftinctifs des volcans éteints, dans lequel j'examinerai de nouveau toutes les pierres que j'ai ramaffées à Drouveire, & que j'ai aujourd'hui fous les yeux. Il me femble qu'on n'a point démontré que cette montagne n'a pas été volcanisée. Quoi qu'il en soit, elle est toujours curieuse, puisqu'elle offre, selon les differentes opinions, ou le premier volcan éteint découvert dans les Alpes, ou la première montagne de trapp, semblable au trap des Suédois, trouvée dans l'Europe méridionale, ou une pierre d'un genre jusqu'à présent inconnu.

A Sallon-de-Crau en Provence, le 15 Octobr 1784.

TABLE

Des Matieres contenues dans cet Ouvrage.

P. S. Depuis l'impreſſion de ce Mémoire, j'ai cherché & trouvé des caractères très-diſtinctifs entre le baſalte & le trapp ; d'où il réſulte que la pierre de Drouveire eſt un trapp, comme le penſe M. Faujas de Saint-Fond. J'allois faire connoître ces caractères dans un Mémoire très-détaillé ſur les caractères diſtinctifs des volcans éteints, qui eſt preſqu'achevé ; mais je ſuis obligé de tout abandonner pour me préparer au voyage du tour du monde ordonné par le Roi pour le progrès des ſciences.

Ne penſant pas que les diſcuſſions ci-deſſus ſoyent aſſez dignes du public, n'étant pas ſuivies du Mémoire ſur les volcans éteints, je prends le parti de le ſupprimer, & je n'en fais tirer que douze exemplaires, dont voici la deſtination.

~~Deux~~ *un* pour la Bibliothèque du Roi.

Un pour celle de Sainte-Geneviève.

Trois pour MM. de Lierre, Ducros & Villard, qui ont été ſur les lieux d'après mon annonce, & qui ont combattu les premiers mon opinion.

Un pour M. Faujas de Saint-Fond, qui a contribué à me faire reconnoître ma méprise.

Un pour M. le Comte de Saluces, Préfi-
dent de l'Académie Royale des Sciences de
Turin.

Un pour M. Guettard. Un autre pour M.
Defmarets ; & les deux autres à ma difpofition.

La Montagne de Drouveire eft la première
montagne de trapp qu'on ait trouvée dans
l'Europe méridionale ; j'en ai reconnu une
autre qui s'étend & forme une chaîne autour
du lac de Lugaro en Suiffe : je la décrivois
dans le premier volume de mon ouvrage fur
l'hiftoire naturelle de la terre, qui alloit être
mis fous preffe.

A Paris, le 25 Mai 178